HIGROLOGIA

Leandro Bertoldo

Leandro Bertoldo
HIGROLOGIA

Leandro Bertoldo
HIGROLOGIA

Dedicatória

Dedico este livro aos meus familiares
José Bertoldo Sobrinho,
Anita Leandro Bezerra,
Francisco Leandro Bertoldo.

E aos amados cachorrinhos:
Miquita, Bodinho, Kelle e Laika.

Leandro Bertoldo
HIGROLOGIA

Leandro Bertoldo
HIGROLOGIA

"Os aposentos que não são expostos à luz e ao ar tornam-se úmidos. As camas e a roupa atraem umidade, e a atmosfera desses recintos é tóxica, porque não foi purificada pela luz e pelo ar". (II Mensagens Escolhidas, 462).

Ellen Gould White
Escritora, conferencista, conselheira, e educadora norte-americana.
(1827-1915)

Leandro Bertoldo
HIGROLOGIA

Sumário

Dados biográficos
Prefácio

Leandro Bertoldo
HIGROLOGIA

Leandro Bertoldo
HIGROLOGIA

Dados biográficos

Leandro Bertoldo é o primeiro filho do casal José Bertoldo Sobrinho e Anita Leandro Bezerra. Tem um irmão chamado Francisco Leandro Bertoldo. Os dois seguiram a carreira no judiciário paulista, incentivados pelo pai, que via algo de desejável na estabilidade do serviço público. Leandro fez as faculdades de Física e de Direito na Universidade de Mogi das Cruzes – UMC. Seu interesse sempre crescente pela área das exatas vem desde os seus 17 anos, quando começou a escrever algumas teses sérias a respeito do assunto. Em 1995, publicou o seu primeiro livro de Física, que foi um grande sucesso entre os professores universitários. O seu comprometimento com o Direito é resultado de suas atividades junto ao Tribunal de Justiça do Estado de São Paulo.

Leandro casou-se duas vezes e teve uma linda filha do primeiro matrimônio chamada Beatriz Maciel Bertoldo. Sua segunda esposa Daisy Menezes Bertoldo tem sido sua grande companheira e amiga inseparável de todas as horas. Muitas de suas alegrias são proporcionadas pelos seus amados cachorros: Fofa, Pitucha, Calma e Mimo.

Durante sua carreira como cientista contabilizou centenas de artigos e dezenas de livros, todos defendendo teses originais em Física e Matemática, destacando-se: "Teoria Matemática e Mecânica do Dinamismo" (2002); "Teses da Física Clássica e Moderna" (2003); "Cálculo Seguimental" (2005); "Artigos Matemáticos" (2006) e "Geometria Leandroniana" (2007), os quais estão sendo discutidos por

Leandro Bertoldo
HIGROLOGIA

vários grupos de pesquisas avançadas nas grandes universidades do país.

Prefácio

A presente obra destaca-se por sua criatividade e originalidade. Ela foi produzida no outono de 1981, quando o autor contava apenas vinte e dois anos de idade e estava cursando o terceiro ano de Física da Universidade de Mogi das Cruzes – UMC. O livro recebeu o título de "Higrologia" porque procura apresentar um estudo sistemático da umidade sob o ponto de vista da Física Clássica.

Os temas que foram apresentados desenvolvem-se numa ordem lógica e progressiva; a partir dos conceitos mais simples avança progressivamente até os mais complexos. A obra está fundamentada em algumas observações cruciais, tais como a relação existente entre alongamento e umidade. A seguir essas observações são analisadas por meio do metodo matemático. Porém, a matematica empregada na descrição dos fenômenos é uma das mais simples, o que torna óbvio o estudo dos assuntos considerados.

O livro encontra-se estruturado em oito capítulos. O primeiro, intitulado "Glossário Higrológico" mostra resumidamente o amplo campo do estudo da Higrologia. O segundo, intitulado "Introdução Geral à Umidade", apresenta os conceitos fundamentais que caracterizam o estudo da umidade. O terceiro, chamado de "Higrometria", partindo das sensações subjetivas da umidade avança progressivamente até a criação de uma escala graduada com suas unidades e medidas.

O quarto capítulo, intitulado "Alongmentos Higroscópicos", apresenta o estudo dos alongamentos em função da humidade, definindo os alongamento linear, superficial e volumnetrico. O quinto capítulo, simplesmente chamado de "Gráficos", estuda as propriedades da umidade e dos alongamentos, vistos sob a ótica das curvas gráficas catesianas. O sexto capítulo, intitulado "Índice de Higrocidade", apresenta as três leis do índice de higrocidade de um sistema higroscópico. O sétimo capítulo, "Associação de Corpos", apresenta o estudo da associação de corpos higroscópicos, fixando na análise da associção equivalente e da associção em série. Finalmente, o oitavo e último capítulo, intitulado "Higrodinâmica", estuda resumidamente o trabalho realizado pela força da umidade e apresenta o conceito de máquinas higrométricas.

Observando os temas apresentados no "Glossário Higrológico" pode-se verificar facilmente que muito mais poderia ser estudado a respeito da umidade. Entretanto, o autor considera que a alma que Higrologia encontra-se estabelecida nesta obra e deixa a cargo de outros pesquisadores visionários a árdua tarefa de desenvolver os diversos ramos da Ciência da Higrologia. Desde já, o autor deixa a todos os pesquisadores da Higrologia os seus sinceros votos de sucesso.

leandrobertoldo@ig.com.br

1. Glossário Higrológico

Higro: Prefixo de origem grega, designativo de umidade.

Umidade: Qualidade ou estado daquilo que é úmido ou está úmido.

Úmido: Adjetivo de origem latina e significa algo que está impregnado de líquido ou vapor de água.

Seco: Ausência de umidade.

Secadeira: Lugar preparado para nele se secar, natural ou artificialmente qualquer matéria.

Secador: Instrumento destinado a fazer evaporar a parte aquosa de qualquer elemento.

Higrometria: Ciência que tem por fim determinar o estado de umidade de qualquer corpo.

Higrométrico: Adjetivo relativo à higrometria. E significa, estado higrométrico da matéria; ou seja, a quantidade de vapor de água que ele contém.

Higrômetro: O termo grego **higro** significa "úmido" e o termo **metro**, significa "medida". Logo, o higrômetro é um instrumento, com que se determina o grau de humidade da matéria.

Higrômetro de cabelo: O referido higrômetro é um dos mais simples; a secura faz encolher o fio de cabelo, enquanto que a umidade distende-o; então se o fio é fixo por uma de suas extremidades e a outra é enrolada numa roldana, a qual apresenta um ponteiro que corre sobre um quadrante graduado.

Higroscópio: Instrumento que indica aproximadamente a maior ou menor humidade da matéria ou do meio ambiente. O higroscópio que indica a umidade do ar, mais conhecido, é aquele que representa um frade capucho, cujo capuz se abaixa sobre a cabeça ou se levanta consoante o ar estar seco ou úmido; o movimento do capuz é obtido por uma corda de tripa, torcida, que se destorce, quando o ar está úmido.

Higrologia: Ciência que tem por objetivo realizar o estudo da umidade.

Higrólico: Instrumento que é movido pela umidade; turbina higrólica; engenheiro higrólico.

Higrodinâmica: Parte da física que trata do movimento, da força e do equilíbrio dos corpos úmidos.

Higrófilo: O que é ávido de umidade, que absorve a umidade.

Higrogenia: Teoria sobre a formação de massas de umidade, difundidas sobre o globo terrestre.

Higrografia: Ciência que trata do regime das umidades de uma região.

Higromecânico: Em que se emprega a umidade como força motriz.

Higrolização: Ato de umedecer. Ou estado daquilo que se umedeceu.

Higrobiologia: Estudos dos fenômenos úmidos que se produzem nos seres vivos; sejam eles animais ou vegetais.

Higropotologia: Ciência que estuda as causas, sintomas e natureza das doenças oriundas da umidade.

Higrotécnica: Ciência das aplicações da umidade nas indústrias.

Higroelástico: Estudo das deformações elásticas provocadas pela umidade.

Empuxo higrostático: À medida que o ar fica úmido, ele fica mais denso. Isto implica que aparece nos corpos nele imerso, um empuxo, que denominei por "empuxo higrostático".

2. Introdução Geral à Umidade

1. Introdução

Ao propor os fundamentos desta inovadora teoria, é absolutamente necessário que se tenha conhecimento de certos conceitos básicos que, evidentemente, serão largamente empregados no decorrer da obra.

Nesta pequena introdução à umidade, vou procurar apresentar os conceitos de umidade, acentuando o caráter de causa e efeito.

Na umidade, a noção de substâncias higrocópicas terá um relevante papel. Nesse caso a umidade será discutida em termos de alongamento e contrações.

A higrologia estuda os efeitos da umidade na alteração de dimensões ou forma de corpos à que ela entra em contato.

2. Umidade Atmosférica

No ar existe uma quantidade de água sob a forma de vapor. Quanto mais quente for o ar, maior será a quantidade de vapor de água que ele pode conter. No presente tratado, vou sempre procurar estudar a umidade numa temperatura constante, salve ressalva contraria.

Nos dias úmidos, o ar contém maior quantidade de água; por este motivo os corpos secam mais dificilmente, porque o ar está carregado de vapor de água. Existe uma prova muito convincente de que habitualmente existe água na atmosfera: é muito difícil manter o sal seco; ele acaba sempre ficando molhado.

Então, verifica-se que a água que molha o sal somente pode vir do ar.

3. Substâncias Higroscópicas

Substâncias que como o sal, absorvem a umidade do ar, chamam-se *higroscópicas*.

O cloreto de cobalto é uma delas e, o que é interessante, muda de cor quando úmido; é vermelho quando molhado, e azul quando seco.

O cloreto de cobalto permite constatar a existência de umidade no ar, mas não permite medir a quantidade de umidade. Isso pode ser feito por intermédio de aparelhos chamados *higrômetros*, dos quais existem vários tipos. Um dos mais simples é o do fio de cabelo. Observou-se experimentalmente que um fio de cabelo aumenta de comprimento quanto molhado e fica mais curto quando seco. É nesta propriedade que se baseia o chamado *higrômetro de cabelo*.

Outra substância higroscópica é caracterizada por um pedaço de *catgut* (trata-se de um fio usado pelos cirurgiões em suturas). Ele é higroscópico; ou seja, absorve facilmente a umidade, torcendo-se quando úmido, e voltando à situação inicial quando seco.

4. Umidade do Ar

Chama-se de umidade à presença de vapor de água no ar. A quantidade de vapor de água no ar é *variável*. Existem dias secos e dias úmidos de acordo com a menor ou maior quantidade de água contida no ar. É claro que o ar não pode conter qualquer quantidade de água. Há um limite, acima do qual o ar não pode conter mais água. Quando o ar possui o máximo de água que pode conter, diz-se que está saturado. A quantidade de vapor de água que um volume de ar pode conter depende da temperatura.

5. Efeitos da Umidade

É muito importante mostrar que o conceito caracterizado pela umidade, generaliza vários efeitos diferentes entre si, originando, por conseqüência, a divisão da Higrologia para efeitos didáticos e de estudo. Quando a umidade, oriunda de qualquer origem, envolve certos elementos, pode ocasionar uma série de efeitos, dependendo, evidentemente da sua quantidade e da natureza do corpo ou elemento que por ela encontra-se envolvida.

Passarei a apresentar, agora, alguns desses efeitos:

Efeito higromático
O referido efeito é aquele caracterizado pelo alongamento ou contração de corpos higroscópicos, pela ação da umidade. Esse fenômeno origina uma parte da *higrologia*, chamada de *higromática*.

Efeito higrodinâmico.
Esse efeito é caracterizado pelo estudo das forças e da energia oriunda da umidade. O dito fenômeno origina uma parte da *higrologia*, chamada por *higrodinâmica*.

Efeito Químico.
Trata-se do estudo da influência da umidade em certas reações químicas.

Efeito Fisiológico. A sensação de bem-estar ou mal-estar que os seres vivos sentem nos dias quentes, depende não só da temperatura do ar como se sua umidade. Toda vez que a umidade do ar se torna muito grande, ela dificulta a sudação, pois o ar já está carregado se vapor de água. Quando a umidade do ar é pequena, o ar é praticamente seco; isto facilita a sudação, pois o ar está com pouco vapor de água.

6. Características da Higrologia

Pelo que demonstrei nos parágrafos anteriores, concluí-se que a higrologia é uma parte muito importante da ciência que estuda a umidade nos seus diversos aspectos. O presente tratado faz parte da mecânica clássica. E, como tal, considerei que a higrologia realiza o estudo da umidade segundo três aspectos distintos, os quais se responsabilizam pela subdivisão clássica deste capítulo em três subcapítulos:

Higromática: Observa os fenômenos relativos à umidade dos corpos, sem preocupação com as respectivas causas. Procurando apenas descrever matematicamente o fenômeno em observação.

Higrodinâmica: Estuda as trocas de umidade entre sistemas e a conversão dessa umidade em formas de energia. Desenvolve, também, o estudo das causas que provocam a umidade.

Higrometria: Estuda e desenvolve instrumentos destinados à medida dos mais diferentes fenômenos que a umidade pode provocar.

Nos capítulos que vão se seguir, vou procurar desenvolver cada uma dessas subdivisões da Física Clássica. O meu estudo é baseado em experiências. E, e as conclusões oriundas dessas observações experimentais constituirão a base do desenvolvimento da teoria da higrologia.

Para qualquer estudo inicial de qualquer fenômeno físico deve-se sempre considerar independente um aprofundamento das causas que provocam o aparecimento da umidade. No presente tratado vou procurar estuda-la a partir dos efeitos que produzem. Pois a primeira noção de umidade é largamente estabelecida a partir dos efeitos que produzem. E em higrologia a noção de umidade é o que fundamenta a usa compreensão. Molhar significa umedecer.

Dentro da higrologia a umidade é uma grandeza escalar. Isto é, uma grandeza representada somente por um número algébrico ou relativo; ou melhor, seu valor é afetado de sinal (positivo ou negativo) regido por algumas convenções ou regulamento.

Quanto à origem, a umidade provém das mais distintas causas; dos rios, das saunas, etc.

7. Unidade de Umidade

A unidade de umidade que vou estabelecer no presente tratado é o *grau-higro*, cujo símbolo representa-se por (°L). A definição dessa unidade será observada em outro capítulo.

8. Caracterização da Umidade

Suponha-se que se almeja verificar o comportamento experimental dos alongamentos que aparecem nos corpos higroscópicos. Considere, então, que o referido corpo seja afixado por uma de suas extremidades a um referencial inercial. Assim, ao envolvê-lo em um campo úmido, observar-se-á o aparecimento de um alongamento. Logo, esse comportamento, observado experimentalmente sugere a existência de uma propriedade inerente a alguns corpos; propriedade esta denominada por *higrológicos*.

Desse modo, as experiências que tenho utilizado, indicam que somente os corpos higrológicos ao serem envolvidos em regiões úmidas, podem sofrer um alongamento, fenômeno que não ocorre, logicamente, com os chamados corpos *não higrológicos*.

Assim, sabe-se então que existem corpos higrológicos e corpos não higrológicos; desse modo resta apurar quais são esses corpos e como reconhecelos. Para isso, deve-se verificar experimentalmente o reconhecimento dos referidos corpos, bastando, simplesmente, aplicar o princípio fundamental que rege o fenômeno da existência de corpos higrológicos.

Esse princípio é constituído por dois parágrafos e são os seguintes:

Parágrafo Primeiro: todo corpo higrológico sofre um alongamento ao entrar em contato num campo úmido.

Parágrafo Segundo: todo corpo não higrológico é inalongável ao entrar em contato numa região úmida.

Uma propriedade dos corpos higrológicos é enunciada através dos seguintes termos:

"Ao encaminhar uma massa de umidade em um corpo higrológico, esse sofre um alongamento, e na total ausência de umidade deverá retornar ao seu estado primitivo".

Verifica-se experimentalmente que são exemplos de corpos higrológicos:

a) fio de cabelo
b) fio de catgut
c) cloreto de cobalto
d) cloreto de sódio
e) etc.

9. Estado Higroscópico da Matéria

Costuma-se facilmente com o fato do corpo higroscópico se apresentar sob a forma de alongamento ou sob a forma de contração ao seu estado inicial. Podendo passar de uma situação para outra. Dessa maneira os corpos higrológicos; ou em outros termos higroscópicos, distinguem-se sob duas fases distintas:

A) *Fase de Alongamento*
A fase de alongamento é a fase em que ocorre propriamente dito, o alongamento; ou melhor, a fase iniciada no momento em que se submete o corpo higroscópico a uma região úmida e termina quando o corpo sofre um alongamento máximo; ou seja, quando o corpo higroscópico fica saturado de umidade.

B) *Fase de Contração*
A fase de contração é a fase em que ocorre a contração; ou seja, aquela fase iniciada a partir do máximo alongamento e que se prolonga até o momento em que o corpo higroscópico retoma o seu estado de contração máxima; ou

melhor, quando fica absolutamente seco; ou seja, quando se encontra na total ausência de umidade.

A fase de contração ocorre quando a umidade do meio é nula, e o corpo, devido a sua higrologia, retorna ao seu estado de contração máximo; ou seja, ao seu estado de *zero categórico*. As fases de *alongamento* ou *contração* constituem os estados higroscópicos da matéria. Logo, de uma forma global, os corpos higroscópicos existentes podem ser encontrados em dois estados distintos: em fase de alongamento ou em fase de contração.

Dessa maneira, no estado zero categórico, o corpo higroscópico não se encontra sob nenhuma região úmida. Logo se encontra absolutamente seco e apresenta volume, comprimento e forma bem caracterizada e constante.

Já na fase de alongamento ou de contração, esse corpo não apresenta volume ou comprimento bem definidos e assume uma forma modelada pela ação da umidade.

10. Tipos de Comprimentos Higrológicos

De acordo com as características dos corpos higroscópicos, a ação da umidade pode fazer aparecer vários efeitos distintos.

Quando se submete um corpo higroscópico numa região úmida, ele pode sofrer um alongamento; ou seja, um aumento no seu comprimento. Esse aumento de comprimento é denominado por *alongamento*.

Posso dizer que o alongamento é uma forma de comprimento que caracteriza o comprimento linear.

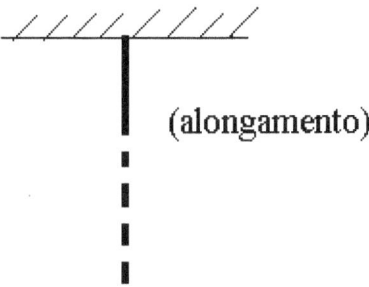

(alongamento)

Os corpos higroscópicos podem ainda sofrer torção, em relação ao seu eixo e muitas outras formas.

A torção sofrida por um corpo higroscópico como, por exemplo, o fio de catgut, é caracterizado pelo alongamento angular. Os alongamentos higroscópicos da madeira são volumétricos; ou seja, ao submeter um pedaço de madeira higroscópica numa determinada região úmida; esse pedaço de madeira sofre uma variação em seu volume.

11. Noção de Umidade Absorvida

A umidade é uma grandeza física que comumente tenho mencionado nos comentários que realizo sobre a natureza do seco ou do molhado.

Devo chamar a atenção para mostrar que ao empregar a noção de seco e molhado, estou caracterizando uma noção subjetiva de umidade que de certa forma, é uma tendência natural de relacionar às sensações biológicas, o que, como tenha dito em outros livros, não é eminentemente científico. Assim, posso supor que o alongamento de um corpo higroscópico é a base fundamental para a medida da umidade. Dessa maneira, supondo não ocorrer mudança de fase, quando o corpo higroscópico é submetido a um campo de umidade, ocorre um alongamento. Ao diminuir a ação da umidade o alongamento decresce; em outros termos, eu diria que a contração aumenta.

A transferência da umidade para causar o alongamento pode ser explicada pela absorvição da umidade do meio de outro corpo higroscópico. Dessa maneira, se dois corpos higroscópicos em umidades distintas forem colocados em presença, o corpo de menor grau de umidade tende a absorver a umidade do corpo higroscópico de maior grau de umidade até que seja alcançado um equilíbrio higroscópico. Em outros termos, ocorreu uma passagem de umidade do corpo mais úmido para o mais seco.

"A situação resultante do equilíbrio que traduz uma igualdade de umidade dos corpos, constitui o equilíbrio higroscópico. Dessa forma, quando dois corpos estão em equilíbrio higroscópico, possuem obrigatoriamente umidades iguais".

A experiência permite concluir: "Se dois corpos estão em equilíbrio higroscópico com um terceiro, eles estão em equilíbrio higroscópico entre si". Eu tomei esse fato conhecido como *Lei nula da higrologia*. Logo, se um corpo "A" está em equilíbrio higroscópico com um corpo "C" e um corpo "B" também está em equilíbrio higroscópico com o corpo "C", então, os corpos "A" e "B" estão em equilíbrio higroscópico entre si.

Esquematicamente, o referido princípio é traduzido por:

$$A (=) C$$
$$B (=) C \therefore A (=) B$$

Representando-se o equilíbrio higroscópico pelo símbolo (=).

De acordo com a Lei nula da higrologia, posso afirmar que a soma da umidade resultante com a umidade inicial é nula no equilíbrio higroscópico.

12. Tipos de Corpos Higroscópicos Absorvedores

Ao estudar experimentalmente os mais diversos corpos, pude verificar que alguns absorvem muito bem a umidade, enquanto que outras absorviam apenas uma parte ou então não absorviam nada.

Logo, baseando-me nestas observações, pude classificar os corpos higroscópicos em três classes distintas:

A) *Primeira Classe Higroscópica*
A primeira classe higroscópica é aquela que engloba os corpos **bons** absorvedores de umidade.

B) *Segunda Classe Higroscópica*
A segunda classe higroscópica é caracterizada pelos corpos semiabsorvedores de umidade, ou seja, absorve apenas uma parte da umidade.

C) *Terceira Classe Higroscópica*
A presente classe higroscópica é caracterizada pelos corpos que não absorvem de forma alguma a umidade. Esses corpos, também são conhecidos por **maus** absorvedores de umidade.

Um exemplo típico de maus absorvedores de umidade são os metais, cera, etc.

13. Índice de Absorvidade Higroscópica (Equação Fundamental)

É possível verificar experimentalmente que a umidade de uma região e a umidade absorvida pelo corpo higroscópico é verificada pela seguinte igualdade:

$$h_2 - h_1 = b \cdot (H_2 - H_1)$$

Onde (H_2) e (H_1) são as umidades do ar, quando o mesmo está saturado de vapor; (h_2) e (h_1) são as respectivas umidades absorvidas pelos corpos em experiência, e a grandeza "b" é caracterizada pelo *índice de absorvidade higroscópica* e evidentemente se trata de uma grandeza adimensional. O valor de "b" depende da absorvidade dos corpos.

b = umidade absorvida pelo corpo higroscópico/umidade do ar quando o mesmo está saturado de vapor

Simbolicamente;

$$b = \frac{h_2 - h_1}{H_2 - H_1}$$

Porém, como:

$$\Delta H = H_2 - H_1$$

$$\Delta h = h_2 - h_1$$

Pode-se escrever o índice de absorvidade pela seguinte relação:

$$b = \frac{\Delta h}{\Delta H}$$

Logo posso concluir que o índice de absorvidade higroscópica é igual ao quociente da variação da umidade absorvida pelo corpo inversa pela variação da umidade de ar saturada de vapor.

14. Classificação do Índice de Absorvidade Higroscópica

O índice de absorvidade "b" é um número puro; ou seja, é um número desprovido de unidade, podendo ainda ser expresso em termos de porcentagem. Observa-se então o campo de variação de "b", de acordo com cada uma das classes de absorvidade higroscópica.

A) Os corpos bons absorvedores de umidade apresenta na absorvição da umidade, módulo igual à umidade do ar saturado de vapor.
Portanto, concluí-se que:

$$h_2 - h_1 = H_2 - H_1$$

Portanto, nessas condições, concluí-se que:

$$\boxed{b = 1}$$

B) A segunda classe versa sobre os corpos semi-higroscópicos, nesse caso $\Delta h < \Delta H$ (a absorvição da umidade pelo corpo higroscópico é sempre menor que a região de umidade de ar saturado), e o índice de absorção se encontra compreendido no intervalo aberto (0-1).

$$0 < b < 1$$

C) Os corpos maus absorvedores de umidade são caracterizados por apresentarem índice de absorção nulo.

$$b = 0$$

Resumindo tem-se que:

$$0 \leq b \leq 1$$

15. Fundamentos das Classes Higroscópicas

Em meus estudos sobre a absorvidade, pude dividi-la em três grandes classes. Essas classes serão novamente motivo de estudo no presente item.

Para poder avaliar em que proporção o corpo higroscópico absorve umidade, passo a definir as seguintes grandezas adimensionais;

A) *Absorvidade higroscópica;*
B) *Semi-absorvidade higroscópica;*
C) *Não-absorvidade higroscópica;*

Desse modo quando a umidade de uma região envolve um corpo higroscópico, ela pode ser parcialmente absorvida, pode ser semiabsorvida ou ainda não absorvida.

Sendo que (**Qr**) quantidade de umidade que caracteriza a região, (**Q$_A$**) é a parcela absorvida, (**Q$_S$**) é a parcela semiabsorvida e (**Q$_N$**) é a parcela não absorvida.

$$Q_r = Q_A + Q_S + Q_N$$

As grandezas adimensionais são as seguintes:

a) *absorvidade:*

$$a = \frac{Q_A}{Q_r}$$

b) *semiabsorvidade:*

$$s = \frac{Q_S}{Q_r}$$

c) *não absorvidade*

$$N = \frac{Q_N}{Q_r}$$

Somando as três grandezas, obtêm-se:

$$a + s + n = \frac{Q_A}{Q_r} + \frac{Q_S}{Q_r} + \frac{Q_N}{Q_r} = \frac{Q_A + Q_S + Q_N}{Q_r} = \frac{Q_r}{Q_r}$$

Portanto, conclui-se que:

$$a + s + n = 1$$

Assim, por exemplo, quando um corpo tem absorvidade (a = 0,7) significa que 70% da umidade nele incidente foram absorvidas. Os restantes 30% devem se dividir entre semi-absorvição e não absorção.

Quando ocorre a não absorção (n = 0), o corpo apresenta:

$$a + s = 1$$

Por definição, um absorvedor ideal é o corpo que absorve toda a umidade que nele envolve. Decorre daí que sua absorvidade é a = 1 (100%) e sua não absorvidade é nula (n = 0) e sua semi-absorvidade, também é nula (s = 0).

16. Teorema Higroscópico

Quando um corpo higroscópico é envolvido em uma região úmida. O corpo absorve a umidade da região sofrendo um alongamento. E o sistema entra em equilíbrio com a umidade absorvida pelo corpo se igualando com a umidade da região.

Esse equilíbrio higroscópico sugere o chamado *Teorema Higroscópico*, assim enunciado: "a variação da umidade de um sistema em equilíbrio é transmitida totalmente para o corpo higroscópico".

Desse modo, o alongamento higroscópico é sempre o limite da umidade absorvida pelo corpo higroscópico.

Supondo que no alongamento, (Δl_1), a umidade varia de (Δh_1) e como conseqüência, no alongamento (Δl_2) varie de (Δh_2).

Então se pode afirmar que: "em um mesmo sistema dentro da zona higroscópica, em equilíbrio, a umidade absorvida se iguala ao limite do alongamento".

De onde se conclui que:

$$\boxed{\Delta h = \Delta l}$$

E como Δh é o limite de Δl, pode-se afirmar que:

$$\boxed{\frac{\Delta h_1}{\Delta h_2} = \frac{\Delta l_1}{\Delta l_2}}$$

Ou em termos mais práticos:

$$\boxed{\frac{\Delta h_1}{\Delta l_1} = \frac{\Delta h_2}{\Delta l_2}}$$

A conclusão que se pode tirar desse resultado é a seguinte: "os alongamentos oriundos dos corpos higroscópicos, de mesmas características, são inversamente proporcionais às umidades absorvidas pelo corpo".

17. Principais Unidades da Higrologia

As unidades predominantes na minha teoria higrológica é a de "umidade" e a de "comprimento".

A unidade de grau higro é a "unidade fundamental da higrologia" do Sistema Internacional de Unidade (S.I.) e é chamado de Grau Higro (símbolo °L).

O quadro que se segue, mostra a unidade de umidade e de comprimento no sistema MKS e no CGS.

GRANDEZA	MKS	CGS	RELAÇÕES
Comprimento	m	cm	1 metro = 10^2 cm
Umidade	°L	°L	°L = grau higro

Naturalmente, existe a possibilidade de criar novas unidades, mas as indicadas são as mais práticas.

18. Densidades Higroscópicas

Na situação de equilíbrio higroscópico, a umidade absorvida pelo corpo higroscópico está totalmente distribuída por toda a extensão do referido corpo (evidentemente, supondo-as não concentradas em um único ponto do corpo higroscópico), sendo que essa distribuição pode ser feita em termos lineares, superficiais ou ainda volumétricas. Logicamente, uma distribuição linear se realiza através de uma linha (caso que se verifica, por exemplo, num corpo higroscópico linear, de área de secção transversal considerada desprezível, como um fio de cabelo); já uma distribuição superficial se verifica sobre uma superfície higroscópica qualquer; finalmente uma distribuição volumétrica por todo um corpo higroscópico maciço.

Fixarei meu estudo fundamentalmente, nas distribuições de umidade nos corpos higroscópicos. É evidente que a distribuição de umidade na superfície de um corpo higroscópico, não precisa obrigatoriamente ser realizada uniformemente, visto que podem existir certas regiões de preferência, onde a concentração da umidade seja maior. Dessa maneira, para poder definir a distribuição de umidade na superfície de um corpo higroscópico, é absolutamente necessário introduzir o conceito de densidade superficial de umidade (ξ), que nada vem a ser do que grau-Higro por unidade de área.

Pegarei, então, uma pequena área (ΔA) (elemento de área), em volta de um ponto "p" qualquer da superfície do corpo higroscópico. Supondo que nesse elemento de área (ΔA), exista uma localização de umidade (Δh).

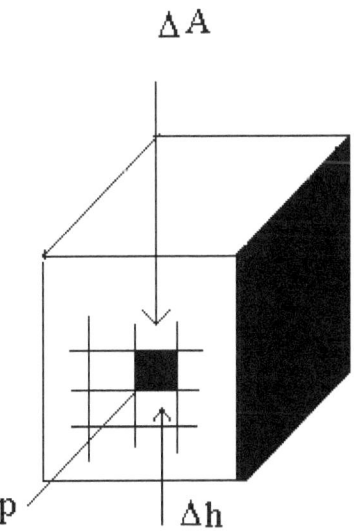

Dessa forma, a densidade superficial de umidade numa dada região higroscópica, será expressa por:

$$\xi = \frac{\Delta h}{\Delta A}$$

A referida relação é enunciada nos seguintes termos: "A densidade superficial de umidade é igual ao quociente da variação da umidade absorvida pelo corpo higroscópico, inversa pela variação de área na qual se encontra distribuída a umidade".

Quando a densidade superficial de umidade é constante em todos os elementos de superfície, costumo afirmar que se trata de uma distribuição uniforme; podendo, logicamente, com maior facilidade, obter o valor da referida densidade em qualquer elemento ($\xi \equiv$ **constante**), dividindo a umidade total absorvida pelo corpo pela sua área total.

19. Unidades de Densidades Higroscópicas

As densidades higroscópicas são medidas em unidades de umidade por unidades de comprimento, área ou volume - conforme se trate de densidade linear, superficial ou volumétrica.

A densidade linear de umidade é definida como sendo igual ao quociente da umidade, inversa pelo comprimento assumido pelo corpo higroscópico.

Simbolicamente o referido enunciado é expresso pela seguinte relação:

$$\lambda = \frac{\Delta h}{\Delta l}$$

Já a densidade volumétrica é igual ao quociente da umidade, inversa pelo volume assumido pelo corpo higroscópico.

O referido enunciado é expresso simbolicamente pela seguinte relação:

$$p = \frac{\Delta h}{\Delta V}$$

A seguir apresento o quadro geral das unidades de densidades higroscópicas:

Densidade Higroscópica	MKS	CGS
Linear	°L/m	°L/cm
Superficial	°L/m2	°L/cm^2
Volumétrica	°Lm3	°L/cm^3

Em meus estudos experimentais pude verificar que, numa região úmida, onde o ar está parado, as gotículas de água suspensas no ar se distribuem uniformemente, de tal forma que a densidade volumétrica da umidade em qualquer ponto da região é absolutamente constante.

Leandro Bertoldo
HIGROLOGIA

3. Higrometria

1. Introdução

Neste capítulo vou procurar introduzir o conceito de umidade e estudarei as normas das escalas higrométricas utilizadas em sua medida.

Apresento, também, os fundamentos dos higrômetros empregados nas medidas dos graus de umidade. Em higrologia, para comparar uma umidade com a unidade emprega-se o efeito mensurável produzido pela referida umidade, no exemplo corresponde ao alongamento higroscópico. Logo, a higrologia analisa os fenômenos relativos à umidade absorvida pelos corpos e sua medida.

2. Sensação Higroscópica

Em outra parte, eu afirmei que a higrologia se preocupa com o estudo das mais variadas situações que envolvem a umidade.

A umidade é observada pelos efeitos que produz e, nesse sentido posso parodiar o famoso conde de Verulam, conhecido na Europa sob o nome Francisco Bacon: "saber verdadeiramente é saber pelas causas".

Através dos sentidos podem-se distinguir os diferentes estados higroscópicos da matéria. Porém, as sensações de seco ou úmido apresentam-se como conceitos puramente intuitivos, pois sua caracterização é estabelecida através dos órgãos sensoriais. É absolutamente importante destacar que na física as noções de seco ou úmido, por exemplo, dizem respeito apenas ao estado higrológico de um corpo ou de um sistema.

Observa-se dessa maneira que, para avaliar a umidade com certo rigor, é necessário recorrer a outros efeitos. As experiências que tenho largamente realizado no campo da higrologia, revelam que certas propriedades de um corpo variam com a umidade. São as conhecidas *propriedades higrométricas*. E na higrologia a noção de umidade mais caracterizada é a umidade absorvida pela matéria.

E as propriedades higrométricas que tenho utilizado para avaliar os graus de umidade são: o alongamento oriundo de um fio de cabelo; o volume assumido por um corpo de madeira e a umidade absorvida pela referida madeira; etc.

Considere uma região do espaço caracterizada por certa umidade e ao introduzir nesta região um corpo higroscópico absolutamente seco. A experiência mostra que, após determinado intervalo de tempo, ao analisar isoladamente o material higroscópico e a região, recebe-se de ambos as mesmas sensações fisiológicas; isto ocorre porque o material higroscópico e a região em debate se apresentam no mesmo estado higroscópico. Digo então de maneira categórica, que os citados elementos, nessas condições, se encontram em "equilíbrio higroscópico".

Na experiência citada, digo que a região cedeu determinada quantidade de umidade ao corpo higroscópico.

3. Equilíbrio Higroscópico

No capítulo anterior afirmei que quando submete um corpo higroscópico em uma região úmida, o referido corpo passa a sofrer um alongamento que aumenta gradativamente à medida que a umidade absorvida aumenta.

O fenômeno prossegue até que, em certo instante, a umidade absorvida se torna igual à umidade que caracteriza a região.

Então, quando o referido fenômeno ocorre, posso afirmar que existe um *equilíbrio higroscópico.*

4. Higroscópio

Criei o *higroscópio* como sendo um dispositivo capaz de acusar uma variação de umidade, (quando o higroscópio apresentar uma escala que permita atribuir valores numéricos às umidades, ele recebe a denominação de higrômetro).

Portanto, o higroscópio permite considerar duas umidades quaisquer, determinando se são iguais ou distintas.

É possível imaginar e construir diversos tipos de higroscópio. Um higroscópio relativamente simples é a do fio de cabelo. Com um pouco de habilidade é possível afixar uma de suas extremidades a um referencial inercial.

Submeta então, o referido instrumento a uma região úmida. Nessas condições o higroscópio sofre um alongamento até que o equilíbrio higroscópico seja alvejado.

Assim, ao submeter o higroscópio a uma região de grande umidade, o mesmo sofre um grande alongamento e se submeter o higroscópio a uma região de pequena umidade, o instrumento apresentará um pequeno alongamento.

5. Lei nula da Higrologia

Do que acabei de expor no parágrafo anterior, pressupõe-se que seja obedecido o seguinte princípio:

Dois corpos higroscópicos, em equilíbrio higroscópico com um terceiro, então, estão em equilíbrio higroscópico entre si.

6. Propriedade, Grandeza e Substância Higrométrica

A grandeza cuja função é a de caracterizar o estado higroscópico de um corpo ou de um sistema denomina-se *umidade*. Sua medida é obtida por intermédio de outras grandezas facilmente mensuráveis, como por exemplo, comprimento, volume, pressão, força, etc.

Essas grandezas sofrem variações quando os corpos passam de um estado higroscópico para outro. Assim, medindo os valores assumidos por essas grandezas, comumente caracterizados pelo nome de *grandezas higrométricas*, podem-se caracterizar os estados higroscópicos dos corpos. Portanto, posso associar a cada valor assumido pela grandeza higrométrica em questão um número, o qual passará a caracterizar o estado higroscópico e será então denominada umidade. Tem-se assim, estabelecida uma correspondência biunívoca entre o número e estado higroscópico; ou seja, a cada estado higroscópico se associa um único número e vice-versa.

Bem, creio ter demonstrado o que vem a ser uma "propriedade higrométrica". Denomina-se por "grandeza higrométrica" à grandeza que necessita ser medida para verificar se uma determinada propriedade higrométrica encontra-se, ou não, variando.

A substância, cuja propriedade higrométrica costuma-se a empregar, para avaliar uma intensidade de força, recebe a denominação de "substância higrométrica".

7. Medida de Umidade

Para efetuar a medição das umidades é absolutamente necessário fazer uso de qualquer propriedade física mensurável que sofra variação com a umidade.

Dessa maneira, para precisar com uma exatidão a noção de umidade, recorre-se às variações que experimentam certas propriedades dos corpos higroscópicos quando sofrem a ação da umidade, por exemplo, o comprimento de um corpo higroscópico aumenta, (alongamento) quando este se encontra envolvido na ação de uma umidade maior. Desta forma, a umidade que envolve um corpo higroscópico é avaliada indiretamente pelo valor assumido por seu alongamento, que no decorrer do presente tratado, passarei a representar simbolicamente pela letra "l". Observe o esquema indicado pela seguinte figura:

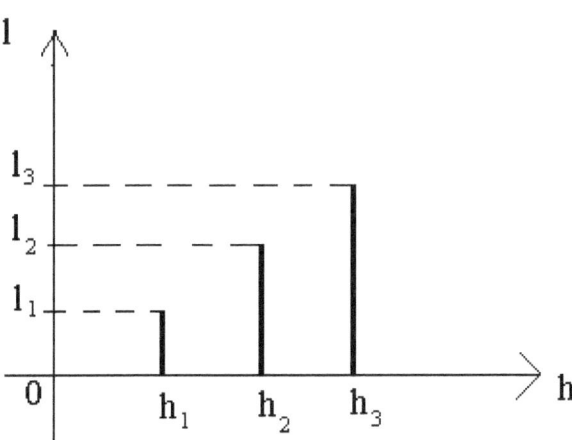

De acordo com o esquema, a cada valor (l) do comprimento (alongamento) do corpo higroscópico corresponde a um valor h de umidade.

De uma forma globalizada, sendo x uma grandeza conveniente que define uma das propriedades do corpo – portanto, no caso anterior (x = 1 – a) cada valor de (x) faz-se corresponder um determinado valor h de umidade. A grandeza (x) é denominada "grandeza higrométrica". A correspondência entre os valores da grandeza (x) e da umidade (h) constitui a chamada "função higrométrica". Ao corpo em análise dá-se a denominação de "higrômetro". O corpo higrométrico indicado na figura anterior, na qual a cada valor de comprimento (l) (grandeza higrométrica) corresponde a um valor de umidade (h), pode ser perfeitamente empregada como higrômetro.

A etimologia da palavra "Higrômetro" deriva de dois termos gregos: *higro* que significa **umidade**; e o sufixo *metro* que quer dizer: **medida de**. Assim, etimologicamente, higrômetro é um instrumento destinado a medir a umidade. E como já foi observado, funciona baseado na seguinte propriedade:

"As umidades causam alongamentos, chamados alongamentos higroscópicos iguais ao limite da umidade".

A partir de uma relação entre os alongamentos sofridos pelo corpo higroscópico e os graus das umidades causadoras desses alongamentos, estabelece-se uma escala de graduação e leitura de um higrômetro. Nesse caso o índice numérico do alongamento, corresponde exatamente ao índice numérico do grau de umidade. Como já afirmei em outra parte, o estudo das medidas da umidade, constituem a *higrometria*.

O higrômetro mais comum é o higrômetro de fio de cabelo esticado longitudinalmente, de acordo com o esquema da próxima figura, baseado no alongamento, originado pela ação da umidade. Desse modo, quando a umidade aumenta de grau, o alongamento também aumenta.

Leandro Bertoldo
HIGROLOGIA

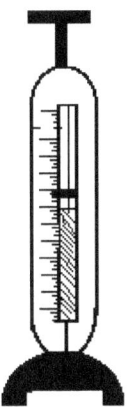

A referida figura mostra o desenho de um higrômetro de fio de cabelo. O fio de cabelo e uma mola são protegidos por um estojo metálico, esse higrômetro apresenta na extremidade livre do fio de cabelo um ponteiro-cursor móvel ao longo de uma escala. A umidade provoca o alongamento do fio de cabelo, fazendo o ponteiro-cursor deslocar indicando na escala o grau de umidade absorvida pelo fio de cabelo.

O emprego do higrômetro para a avaliação da umidade de um sistema fundamenta-se no fato de que, após alguns momentos em contato, o sistema de umidade e o higrômetro adquirem a mesma umidade; isto é, alcançam o "equilíbrio higroscópico". Ou seja, a umidade indicada no higrômetro é igual ao grau de umidade que o mesmo absorveu.

Os higrômetros, em geral, dependem do alongamento dos corpos higroscópicos. Além do higrômetro de fio de cabelo, existem outros tipos de higrômetro; como por exemplo:

A) higrômetro simples;
B) higrômetro de fio de Catgut;

C) higrômetro de Cristal;
D) etc.

Como afirmei, o higrômetro mais empregado nos laboratórios é formado por um fio de cabelo com uma das extremidades fixa num referencial inercial e a outra presa na extremidade de uma mola e a outra extremidade da mola presa em um referencial fixo. E esse conjunto é colocado dentro de um estojo, constituído por um cilindro metálico, geralmente constituído por grades, assim o ar circula mais facilmente no interior do higrômetro.

8. Inconvenientes dos Higrômetros de Alongamento

Os alongamentos sofridos por um corpo higroscópico são perfeitamente regulares aos graus de umidade, contanto que estes alongamentos não atinjam o "limite de higroscopia"; ou seja, não fiquem saturados.

Pois, conforme foi determinado nesta obra, o alongamento higroscópico tem validade até certo limite a partir do qual o fio está saturado, não apresentando alongamentos. Este fato impede que os higrômetros de fio de cabelo, seja instrumento de precisão absoluta, pois os alongamentos não podem ser geralmente, muito grandes; isto é, as umidades muito grandes causam o saturamento do fio e o mesmo deixa de se alongar dentro da regularidade exigida para a medida da umidade. Outro problema que impede a fidelidade dos higrômetros de alongamento é o da "Histerese higrológica" de alguns corpos higroscópicos, descoberta em 1981. Esse fenômeno se apresenta com o tempo, pelo fato de os alongamentos oriundos da ação da umidade muito grande, permanecerem em pequena parte após a ausência de umidade;

ou seja, o corpo higroscópico não se contrai totalmente; isto obriga a uma constante verificação e recalibração da escala.

Logicamente, no processo de calibrar o higrômetro a única hipótese que se faz sobre as propriedades higroscópicas do fio de cabelo é a de que intensidades iguais de umidade correspondem aos mesmos alongamentos; somente dessa forma é que o higrômetro pode ser utilizado para medir qualquer grau de umidade desconhecida.

9. Sobre os Higrômetros

Os instrumentos que permitem realizar medidas de graus de umidade são os higrômetros. Em meus trabalhos tenho desenvolvido diversos tipos de higrômetros e citarei os mais importantes:

a) *Higrômetro de gás*
O higrômetro de gás pode utilizar como grandeza higrométrica tanto o volume quanto à pressão.

b) *Higrômetro de fio de cabelo esticado*
Emprega como grandeza higrométrica o comprimento aparente de um fio de cabelo ou vários fios encerrados em um estojo gradeado.

c) *Higrômetro de Cristal*
Emprega como grandeza higrométrica certas propriedades elétricas dos cristais.

d) *Higrômetro de Densidade*
Emprega como grandeza higrométrica a densidade da massa de água absorvida pela substância higroscópica.

e) *Higrômetro de Catgut*

Utiliza como grandeza higrométrica as torções angulares sofridas pelo referido fio.

Desses tipos de higrômetro, o mais empregado é o de fio de cabelo, porém, o mais preciso é o de cristal. O higrômetro de gás é de difícil manuseio. E somente deve ser manuseado por laboratórios especializados. Já o higrômetro de densidade tem mais utilidade em laboratórios de química.

10. Construção de um Higrômetro de Fio de Cabelo

Para uso corrente, o fio de cabelo esticado longitudinalmente é a substância dinamométrica mais empregada.

Os dispositivos que permitem realizar medidas de umidade são os higrômetros. Entre os diversos tipos que existem, interessa particularmente ao meu estudo inicial, o "higrômetro de cabelo".

Basicamente, esse higrômetro compõe-se de um fio de cabelo. Esse fio fica preso por uma de usas extremidades a um referencial inercial enquanto que na outra extremidade prende-se um pequeno peso.

A natureza e característica do fio devem ser de modo que possibilite significativos traços de higrometria. A escolha do fio de cabelo como substância higrométrica é justificada pelo fato de apresentar algumas características favoráveis como:

A) Sua obtenção fácil;

B) Apresenta alta expansão higrométrica, porém não exagerada;
C) Caracteriza bem a umidade;
D) Não necessita grandes quantidades de umidade para apresentar apreciáveis acréscimos na expansão;
E) Tem amplo intervalo de utilização;
F) Entra rapidamente em equilíbrio higroscópico com a umidade que esta submetida.

Evidentemente, a grandeza higrométrica empregada em um higrômetro de fio de cabelo é o alongamento. O emprego desse higrômetro é extremamente elementar: se almejar obter a umidade de uma determinada região basta colocar o instrumento imerso na região. A leitura, após ter sido estabelecido o equilíbrio higroscópico, é processada na extremidade livre do fio de cabelo.

Descreverei, em linhas gerais, a construção de um higrômetro de fio de cabelo.

Adquirir alguns fios de cabelo de uns 30 a 40 centímetros de comprimento.

Para desengordurar os fios, deixe os mergulhados durante algum tempo em álcool ou éter. Ou então, coloque-os em um tubo de ensaio juntando um pouco de solução de soda. Agite bem para que os fios de cabelo fiquem desengordurados. Tire-os da soda, lave-os com água limpa e deixe-os secar.

A seguir deve-se afixar uma das extremidades do fio de cabelo a um referencial inercial. Para esticar o fio deve-se prender na extremidade livre do mesmo um pequeno peso.

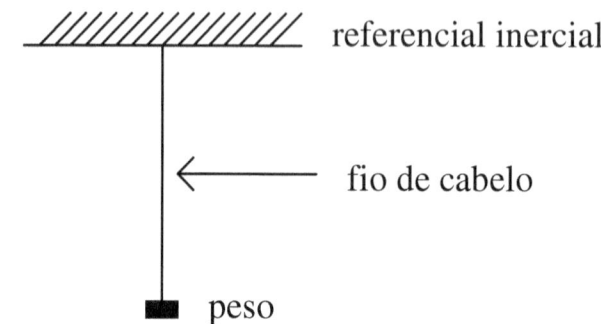

referencial inercial

fio de cabelo

peso

A seguir deixe o higrômetro em um local absolutamente seco; ou seja, na total ausência de umidade e ao lado do ponteiro do peso marca-se o traço zero. Feito isso, submeta o higrômetro a um determinado grau de umidade que sirva como unidade.

Espera-se o equilíbrio higroscópico e marca-se o traço da unidade, de modo a tangenciar a posição do ponteiro preso ao peso.

Continuando, deve-se traçar a escala em intervalos iguais ao da unidade que foi indicada anteriormente no higrômetro, até que a extensão do higrômetro seja totalmente graduada. Deve-se observar que, por convenção, a variação da grandeza higrométrica é diretamente proporcional à variação da umidade.

A distância compreendida entre dois traços consecutivos da escala corresponde a uma variação de umidade da unidade considerada.

11. Pontos Absolutos da Higrologia

Muitas experiências tem comprovado que em certas condições alguns fenômenos físicos somente se processam na presença de umidade e outros se processam somente na ausência de umidade.

Um dos fenômenos que se processa na ausência de umidade e, de certa forma, apresenta um caráter particularmente importante na higrometria é o "estado seco da matéria". Ou seja: "na total ausência de umidade a matéria encontra no seu estado seco", portanto não apresenta nenhuma expansão ou alongamento oriundo da umidade.

Generalizando, concluí-se que "num grau nulo de umidade, a matéria higroscópica não apresenta alongamentos".

Denominarei a referida propriedade da matéria por: *ponto absoluto da higrologia*, visto que tal fenômeno é um ponto fixo no qual se pode iniciar a computagem das umidades absorvidas pelo corpo higroscópico.

As experiências tem mostrado largamente que a umidade absorvida pela matéria tem um limite, é o *grau de saturação higroscópica*. Isto significa que a umidade absorvida pela matéria é finita.

Portanto, um higrômetro ideal deverá apresentar as seguintes condições:

A) Deverá apresentar um alongamento nulo quando a umidade for nula.

B) Deverá ser constituído por um corpo higroscópico que apresente um altíssimo grau de saturamento.

Do que foi exposto, passarei a enunciar uma propriedade das substâncias higroscópicas: "A umidade pode apresentar-se sob o estado nulo, ou então, tender gradativamente a um grau de saturação".

12. Escalas Higrométricas

Então, para definir uma escala higrométrica é necessário:

A) Estabelecer dois pontos fixos fundamentais;
B) Distribuir valores de uma unidade qualquer de umidade entre esses dois pontos;
C) Escolher uma grandeza higrométrica;
D) Convencionar que entra a grandeza higrométrica selecionada e o grau de umidade exista uma correspondência qualquer, por exemplo:

1º. Escolhe-se o ponto do estado nulo higrométrico da matéria e o ponto de saturação higroscópica como ponto fixo fundamental;

2º. Atribui-se unidades com valor zero ao ponto higroscópico nulo e o valor máximo do grau de umidade que o higrômetro pode registrar;

3º. Estabelece-se como grandeza higrométrica o comprimento aparente de um fio de cabelo ou um corpo higroscópico qualquer, encerrado em uma gaiola metálica.

4º. Convenciona-se que a variação do alongamento aparente do fio de cabelo é proporcional à variação da umidade absorvida.

A escala assim definida recebe a denominação de *escala higrométrica*. Evidentemente, no futuro, quando esta física for aceita, essas convenções serão largamente empregadas em todo o mundo.

13. Unidade de Umidade

Além das mais diferentes escalas que é possível construir na higrologia, tem-se outra unidade de grau de umidade como a unidade fundamental higrológica do Sistema Internacional de Unidades (S.I.) e denomina-se *umi* (símbolo b), definida através de um fenômeno higrológico muito simples.

Um "umi" é o grau de umidade constante que, envolve um fio de cabelo de 1m de comprimento inicial e de secção transversal desprezível, apresentando um valor unitário de "índice de higrocidade".

A)   **Submúlltiplos:**   **mili-umi (mb)**
                                           micro-umi (μb)

B)   **Relações** $1mb = 10^{-3} \, b$
                                      $1\mu b = 10^{-6} \, b$

14. Graduação de um Higrômetro de Escala

Para efetuar a medição de graus de umidade através de escalas definidas, é necessário, recorrer, então a certas grandezas chamadas por "grandezas higrométricas", cujas variações sejam diretamente proporcionais às variações dc umidades.

O conjunto dos valores numéricos que pode assumir a umidade (H) constitui uma "escala higrométrica", a qual é estabelecida ao se graduar um higrômetro. Ou melhor, ao se graduar um higroscópio, o mesmo passa a constituir um higrômetro.

Com certa freqüência, preferem-se as variações de comprimento dos corpos higroscópicos sólidos como grandeza higrométrica. Estes corpos são então chamados por corpos higroscópicos. Eles devem preencher os seguintes requisitos, para ser empregado nos higrômetros:

A) Devem alongar-se muito com o menor grau de umidade que o envolva; por esse motivo recomendo a utilização de corpos higroscópicos de alto "índice de higrocidade";
B) Devem sofrer alongamentos regulares;
C) Devem atingir o estado de saturamento, somente através de graus de umidade muito altos. Ou melhor, devem permanecer dentro do regime de alongamentos higroscópio, na maioria das aplicações;

Para a construção das escalas higrométricas é absolutamente necessário determinar dois pontos que sejam perfeitamente definidos e correspondam também a duas umidades perfeitamente definidas.
Então na graduação de um higrômetro comum, procede-se da seguinte maneira:

1º. Escolhem-se dois sistemas cujas umidades sejam invariáveis no decorrer do tempo e que possam ser reproduzidos facilmente quando necessário. Estes sistemas são denominados por "pontos absolutos". Esses pontos, que tradicionalmente tenho adotado, são os seguintes:

a) Primeiro ponto absoluto (ponto mínimo). O referido ponto é aquele que caracteriza o estado do ar absolutamente seco sob a temperatura normal: (H_S).

b) Segundo ponto absoluto (ponto máximo). O dito ponto é aquele que caracteriza o estado do ar absolutamente saturado de vapor de água: (H_T).

2º. A marcação dos dois pontos absolutos é realizada da seguinte maneira: o higrômetro é colocado na presença dos sistemas que definem os pontos absolutos. A cada um vai corresponder um alongamento do fio de cabelo. A cada alongamento atribuí-se um valor numérico arbitrário de umidade, geralmente fazendo o menor corresponder ao ponto mínimo (H_S) e o outro ao ponto máximo (H_T).

3º. O intervalo delimitado entre as marcações feitas (correspondentes às umidades H_S e H_T) é dividido em partes iguais. Cada uma das partes em que fica dividido o intervalo é a unidade da escala (o grau da escala).

O intervalo entre os pontos fixos é dividido em cem partes, o que justifica perfeitamente o nome centésimal. A cada uma dessas cem partes associa-se um número e cada uma corresponde à umidade da escala, o *grau higro*, cujo símbolo e °L.

Observe que a escolha dos valores que definem a escala é arbitrária: na escala hicoscópica os valores adotados são:

a) Primeiro ponto (H_S) ------------ 0°L.

b) Segundo ponto (H_T) ----------- 100°L.

Deprende-se então que o mesmo intervalo de umidade que vai da região seca ao saturamento foi dividida em cem partes absolutamente iguais na escala higroscópica.

15. Conversão entre Escalas Higrométricas

Submeta a uma mesma umidade de uma dada região uma série de higrômetros graduados em diferentes escalas.

Com pouca raridade, é necessário transformar uma indicação de um higrômetro para outro ou vice-versa. Para obter-se a relação entre as leituras nos dois higrômetros deve-se estabelecer a proporção entre os higrômetros de acordo com o comprimento assumido pelo alongamento linear que ambos marcam quando são submetidos sob a ação de um mesmo grau de umidade.

Pode-se então obter facilmente uma relação entre as escalas; ou seja, tendo um determinado grau de umidade numa escala, pode-se obtê-la em outra. Para isso, basta observar que, numa determinada escala o número de divisões existentes em certo comprimento é proporcional a este.

Evidentemente, no equilíbrio higroscópico, cada uma das escalas fornecerá uma leitura. Estas diferentes leituras representam, em escalas diversas, uma mesma umidade.

Considere as seguintes escalas representadas na figura:

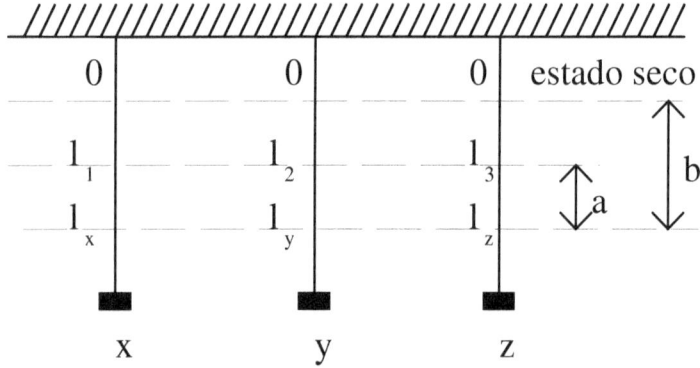

Seja (l_1) a leitura do alongamento do higrômetro (x); seja (l_2) a leitura do alongamento do higrômetro (y) e seja (l_3) a leitura do alongamento no higrômetro (z), para o grau de umidade de um sistema higroscópico qualquer.

A relação entre os segmentos (a) e (b) não dependem da unidade em que são expressos. E (l_x; l_y e l_z) as variações de alongamento ocorridos nos respectivos

Leandro Bertoldo
HIGROLOGIA

higrômetros quando submetidos a um mesmo campo de um determinado grau de umidade conhecida.

Dessa forma concluí-se:

$$\frac{a}{b} = \frac{l_1 - 0}{l_x - 0} = \frac{l_2 - 0}{l_y - 0} = \frac{l_3 - 0}{l_z - 0}, \text{ portanto :}$$

$$\boxed{\frac{l_1}{l_x} = \frac{l_2}{l_y} = \frac{l_3}{l_z}}$$

Assim, escolhendo as igualdades convenientes pode-se facilmente converter leitura de uma escala para outra.

16. Equação Dimensional da Umidade

Considere a umidade como uma grandeza higrológica fundamental. E representa a sua equação dimensional por [H].

17. Função Higrométrica

As propriedades físicas mais evidentes que varia com a umidade são os alongamentos de um corpo higroscópico. Existem vários modelos de higrômetros que simplesmente distinguem-se um do outro pela chamada "grandeza higrométrica". Por exemplo, nos higrômetros de fio de cabelo, a grandeza higrométrica é o alongamento linear que ao variar faz mudar o comprimento do corpo higroscópico. E é exatamente este fato que é empregado como medidas sensíveis da umidade.

A função higrométrica adotada nesse higrômetro e em outros é geralmente a do primeiro grau, por ser a mais simples na prática.

18. Equação Higrométrica

Equação higrométrica é aquela que permite estabelecer uma perfeita correspondência entre a grandeza higrométrica considerada e a respectiva umidade. Essa correspondência assume aspecto aproximadamente linear; portanto, a equação que a traduz é uma equação linear do primeiro grau.

Para exemplo, considerarei como grandeza higrométrica o comprimento assumido pela expansão do fio de cabelo. Designarei por (x_S), (x) e (x_h), respectivamente os comprimentos do fio de cabelo, correspondente às umidades do primeiro ponto absoluto, de um ponto qualquer e do segundo ponto absoluto. Observe que o gráfico seguinte ilustra o exposto, estendido a qualquer escala higrométrica.

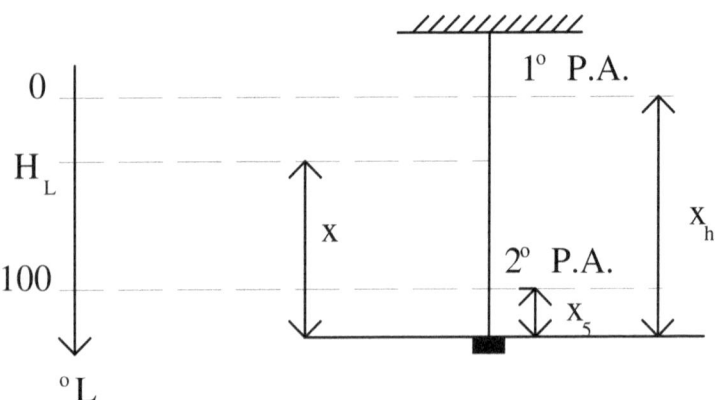

Para a escala, tem-se:

$$\frac{H_L - 0}{100 - 0} = \frac{x - x_s}{x_h - x_s}$$

Portanto, vem que:

$$\boxed{\frac{H_L}{100} = \frac{x - x_s}{x_h - x_s}}$$

Dessa maneira, posso definir um grau Higro como sendo a variação de umidade que produz na grandeza higrométrica (no caso o comprimento assumido pelo fio de cabelo) uma variação igual a um centésimo daquela produzida quando o higrômetro é levado do primeiro ao segundo ponto absoluto (P.A.).

19. Técnica da Escala Higrométrica

Para a construção de uma escala, deve-se colocar o instrumento numa região absolutamente seca e marcar o ponto assumido pela extremidade livre do fio de cabelo; a seguir proceder de mesma maneira em uma região absolutamente saturada de vapor d'água.

Após a marcação dos dois pontos absolutos; divide-se o intervalo definido entre eles em cem partes absolutamente iguais e associa-se um número determinado a cada uma destas.

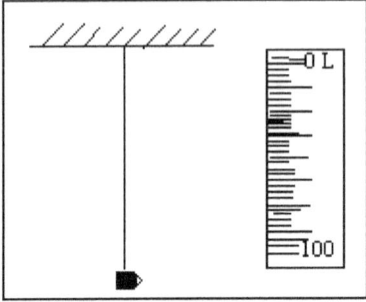

20. Características dos Higroscópios

O higroscópio é um instrumento que indica aproximadamente a maior ou menor umidade de uma dada região. Um higroscópio muito conhecido é o que caracteriza um frade capucho, cujo capuz se abaixa sobre a cabeça ou se levanta consoante o ar estar seco ou úmido; o movimento do capuz é obtido por uma corda de tripa, torcida, que se destorce, quando o ar está úmido.

Outro higroscópio é o de cloreto de cobalto. Em um pouco da água, ponha duas partes dessa substância e uma de sal. Mergulhe neste líquido algumas tiras de papéis absorventes (mata-borrão) e deixe-as secar. Então, quando uma dada região está úmida, essas tiras adquirem uma coloração vermelha; e quando é colocada em contato com uma região seca, adquire a cor azulada.

Portanto, os higroscópios permitem constatar a existência de umidade, mas não permitem medir o grau de umidade.

21. Corpo Higroscópico Absoluto

Dois ou mais higroscópico que empregam substâncias higrométricas distintas não apresentam escalas concordantes.

Evidentemente, e de certa forma é de sumária importância que se empregue uma escala higromética absoluta e um corpo higroscópico absoluto. Ambos têm sobre as outras a vantagem de independer da substância higrométrica.

22. Higrômetro Simples

O higrômetro simples nada mais é do que o higrômetro de fio de cabelo. Porém com a diferença de que o higrômetro simples apresenta uma mola, presa a um referencial inercial, para esticar o fio de cabelo.

O esquema do higrômetro simples é apresentado na seguinte figura:

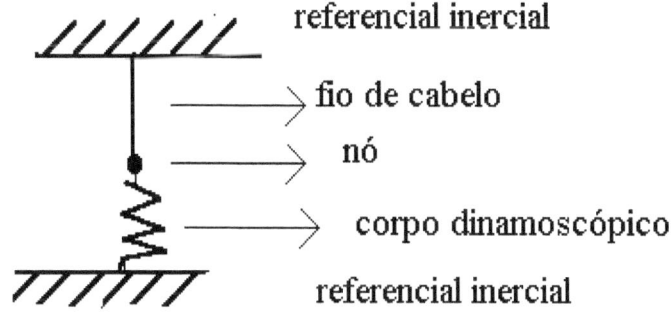

Os fundamentos do referido higrômetro serão analisados largamente em outra parte.

23. Situação ao Nível Estrutural

Toda vez que uma massa gasosa apresenta-se úmida, ela apresenta vapor de água.

Ao nível estrutural eu diria que por alguns processos cuja natureza eu desconheço a molécula de água se junta à molécula de gás.

A evaporação é a vaporização espontânea de um líquido, sob quaisquer condições, como resultado da agitação térmica molecular. A qualquer temperatura, algumas moléculas do líquido adquirem energia cinética superior à média e conseguem vencer as forças de coesão entre as partículas, abandonando o líquido através da superfície livre, juntando-se às moléculas do ar.

24. Balança Higrostática

Todo corpo imerso na atmosfera sofre um empuxo que será tanto maior quanto maior for a umidade dessa atmosfera.

Para verificar a realidade do referido princípio, desenvolvi a chamada balança higrostática, que apresenta o seguinte esquema:

Leandro Bertoldo
HIGROLOGIA

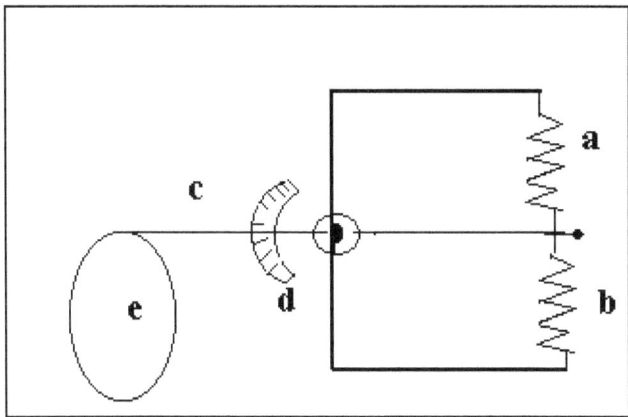

I - As letras a e b representam o símbolo de corpos elásticos (molas);

II - A letra c representa o braço móvel da balança;

III - A letra d representa uma escala graduada;

IV - A letra e representa um balão contendo um gás leve.

4. Alongmentos Higroscópicos

1. Introdução

O aumento da umidade, geralmente acarreta nos corpos higroscópicos, um aumento em suas dimensões.

Experimentalmente, eu estabeleci uma série de leis para relacionar as variações das dimensões com as variações de umidades correspondentes. Essas leis são estudadas no presente capítulo.

É extremamente fácil comprovar experimentalmente que ao submeter, por exemplo, um corpo higroscópico sólido a um determinado grau de umidade, seu volume aumenta. O fenômeno pode ser observado com a utilização de um dispositivo elementar, conhecido sob a denominação de *anel de higrocidade*. Esse instrumento compõe-se basicamente de um anel e uma esfera higroscópica; a uma baixa umidade, o diâmetro da esfera é levemente inferior ao do anel. Nessas condições, a esfera passa livremente pelo anel.

Entretanto, se umedecer a esfera; isto é submetê-la a uma região de umidade, a passagem dessa esfera através do anel, não é mais possível. Logicamente, isso leva a concluir que a esfera higroscópica sofreu um aumento de volume.

É evidente que, se for diminuida a humidade da esfera, esta sofrerá uma contração; isso pode ser também observado pelo anel de higrocidade.

2. Definições

Após o estudo da umidade e sua medida, feita nos capítulos anteriores, passo a considerar matematicamente um dos efeitos da umidade: *o alongamento*.

Todo corpo higroscópico submetido à ação de uma umidade sofre variações em suas dimensões, chamo a isso por alongamento higroscópico.

Geralmente, quando aumenta o grau de umidade submetido a um corpo higroscópico, suas dimensões aumentam. Ocorre a *contração higroscópica* ou a *restituição higroscópica* quando ocorrer a diminuição das dimensões do referido corpo, em virtude da diminuição da umidade.

Portanto, quando a umidade aumenta e em conseqüência ocorre o aumento do alongamento; tem-se, então a classificação do conhecido alongamento higroscópico.

3. Classificação dos Alongamentos

Freqüentemente os indivíduos deparam com fatos comprovadores de que os corpos higroscópicos sólidos sofrem variações em suas dimensões devido a mudanças de graus de umidades.

Como esses fatos são muitos; então, por conveniência didática, procurei realizar o estudo dos alongamentos higroscópicos da seguinte maneira: Alongamento Linear; Alongamento Superficial e Alongamento Volumétrico.

a) *Alongamento Linear*

Quando se considera apenas a variação de uma das dimensões do corpo higroscópico com a umidade, costumo classifica-la como um alongamento linear.

Os alongamentos oriundos de um fio homogêneo, provocado pela ação de um grau de umidade são denominados por alongamento linear. Genericamente, quando o alongamento é observado em uma única direção; ou seja, quando se considera apenas a variação do comprimento do corpo higroscópico, o alongamento é chamado linear.

b) *Alongamento Superficial*

Quando se considera a variação da superfície de um corpo higroscópico (ou da área de uma secção) com a umidade, costumo denomina-la por "alongamento superficial". Dessa forma, o alongamento superficial estuda o aumento da área de uma superfície higroscópica, com graus de umidade submetidos na referida superfície.

c) *Alongamento Volumétrico*

Analogamente, o "alongamento é volumétrico", quando se considera a variação do volume do corpo higroscópico, com a umidade que o envolve.

Logo o alongamento volumétrico estuda o aumento do volume de um corpo higroscópico. Ou seja, quando se considera o alongamento do comprimento, da largura e da altura o alongamento é dito volumétrico.

Convém salientar que os três alongamentos: lineares, superficiais e volumétricos não ocorrem simultaneamente. Quando um corpo higroscópico tem seu alongamento aumentado, sua secção em certas condições, praticamente não varia, embora o volume aumente devido ao aumento no comprimento. No entanto, no alongamento linear, o comprimento do alongamento linear é a dimensão predominante.

ALONGAMENTO HIGROSCÓPICO ENTRE SÓLIDOS

4. Alongamento Linear

Denomina-se alongamento linear, o aumento do comprimento de um corpo higroscópico, quando submetido à ação de uma umidade cada vez maior.

Considere um fio higroscópico homogêneo de secção transversal reta uniforme, preso por uma de suas extremidades a qualquer referencial inercial. Quando submetido numa região de umidade (h) ele parra a sofrer um alongamento (l); ou seja, um aumento no seu comprimento. Evidentemente, esse alongamento só é chamado por higrocidade perfeita quando, retirada a ação da umidade (h), o corpo higroscópico retorna à sua posição inicial (l_0).

Entende-se por variação do alongamento (Δl), somente o comprimento alongado que o corpo higroscópico apresenta sob a ação de um grau qualquer de umidade. Assim, no alongamento linear, a variação do alongamento (Δl) do corpo higroscópico, é igual ao comprimento total do corpo higroscópico submetido à ação de um grau de umidade pela diferença do comprimento inicial (l_0) que o corpo higroscópico apresenta na total ausência de umidade.

A referida grandeza é expressa simbolicamente pela seguinte igualdade:

$$\boxed{\Delta l = l - l_0}$$

Em um gráfico demonstrativo, o referido enunciado é esquematizado do seguinte modo:

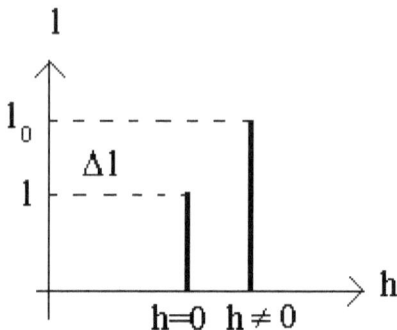

Logicamente, se o alongamento varia em função da umidade, é porque a umidade varia. Isto implica que a variação da umidade é igual à umidade total a qual o corpo higroscópico é submetido, pela diferença da umidade inicial.

Simbolicamente o referido enunciado é expresso por:

$$\Delta h = h - h_0$$

5. Lei Fundamental ou Geral

Em 1981, desenvolvi a pesquisa sobre os alongamentos higroscópios. E como resultado das observações e estudos efetuados, deduziu experimentalmente uma lei fundamental ou geral.

Pode-se verificar experimentalmente que, ao submeter um fio higroscópico a um grau de umidade (Δh_1), o corpo considerado passará a apresentar um alongamento (Δl_1).

Da mesma forma, ao submeter um grau de umidade (Δh_2), verificar-se-á que o corpo higroscópico se alongará de um comprimento (Δl_2) distinto de (Δl_1).

Tratando-se de medir os graus de umidade absorvidas pelos corpos higroscópicos e os respectivos alongamentos, verificar-se-á que, se o grau de umidade (Δh_2) for o dobro do grau de umidade anterior (Δh_1) ($\Delta h_2 = 2\,\Delta h_1$), o alongamento ($\Delta l_2$) conseqüentemente será o dobro do alongamento anterior (Δl_1) ($\Delta l_2 = 2\,\Delta l_1$). Realizando sucessivamente a experiência descrita com o grau de umidade triplicado ($\Delta h_3 = 3\Delta h_1$), observar-se-á que o alongamento também será triplicado ($\Delta l_3 = 3\,\Delta l_1$); ao quadruplicar o grau de umidade ($\Delta h_4 = 4\Delta h_1$), o alongamento também será quadruplicado ($\Delta l_4 = 4\,\Delta l_1$), e levando esse processo até enésimo grau de umidade ($\Delta h_n = n.\,\Delta h_1$), ocorrerá um alongamento enésimo ($\Delta l_n = n.\,\Delta l_1$); desde que não ultrapasse o limite de higrocidade; ou seja, esses alongamentos deverão permanecer dentro do regime dos alongamentos higrológicos. Nessas condições, a proporcionalidade registrada entre as variações de umidades e os respectivos alongamentos é a mesma constante.

Com a referida experiência, eu enunciarei uma das leis fundamentais da higrologia. Essa lei reza a seguinte sentença: "Em regime de higrologia, os graus de umidade são diretamente proporcionais aos respectivos alongamentos".

Esta lei é válida para todos os tipos de alongamentos dentro dos limites dos alongamentos higroscópicos. No caso do alongamento higroscópico, a lei fundamental é expressa simbolicamente sob a forma:

$$\boxed{\Delta h = \alpha.\Delta l}$$

Onde o valor da constante de proporcionalidade (α) é uma característica do corpo e do material higroscópico, é denominado por *constante de higrocópica*.

6. Unidades da Constante Higroscópica

Em física, cada grandeza apresenta, geralmente, mais de uma unidade. Na maioria dos casos, as unidades são derivadas de outras; ou seja, são extraídas da própria fórmula de definição da grandeza. Em outros casos as unidades são independentes entre si e não guardam nenhuma relação com as demais. Como exemplo dessas grandezas tem-se o comprimento, o tempo, etc. Porém, no caso da constante higrocópica, sabe-se que é resultado de uma relação entre o grau de umidade e o alongamento resultante. Tal relação é expressa simbolicamente por:

$$\boxed{\alpha = \frac{\Delta h}{\Delta l}}$$

As unidades da constante higrocópica são extraídas da última relação. Então, simbolicamente, pode-se escrever que:

$$U(\alpha) = U(h) / U(l)$$

Na referida expressão, deve-se ler: "unidade da constante higrocópica é igual ao quociente da unidade de umidade, inversa pela unidade de comprimento".

Para as unidades de umidade, tem-se grau higro. Para unidades de comprimento, tem-se o metro, o centímetro e outras. Então para unidades da constante higrocópica, tem-se: o grau Higro por metro (°L/m); o grau higro por centímetro (°L/cm), etc.

7. Primeira Lei do Alongamento Higroscópico

Pude verificar por intermédio de experiências que, ao afixar um fio higroscópico de comprimento inicial (l_0) igual a x (l_0 = x), por uma de suas extremidades a um referencial inercial, e submete-lo a uma região de umidade (h_1), esse corpo higroscópio sofrerá por conseqüência uma variação de alongamento (l_1) igual a y (Δl_1 = y).

Da mesma forma, ao afixar outro corpo higroscópico com todas as características do primeiro; porém, com o dobro do comprimento inicial (l_0 = 2x), por uma de suas extremidades a um referencial inercial e submetê-lo na mesma região de umidade (h_1) da experiência anterior, esse novo corpo sofrerá uma variação de alongamento (Δl_2) igual ao dobro da primeira (Δl_2 = 2y).

O mesmo fenômeno ocorrerá com um terceiro, com um quarto corpo higroscópico; respectivamente com o comprimento inicial triplicado (l_0 = 3x), quadruplicado (l_0 = 4x); e quando submetidos à ação do mesmo grau de umidade h_1, a variação do alongamento resultante, será respectivamente; triplicada (Δl_3 = 3y); quadruplicada (Δl_4 = 4y).

Repetindo-se a presente experiência tantas vezes o quanto almejar, o mesmo fenômeno será verificado. Nessas condições, a proporcionalidade registrada entre as variações de alongamentos e o comprimento inicial permanece constante, enquanto que o grau de umidade permanece invariável.

Costumo afirmar que essa constante é o fundamento que caracteriza a lei do alongamento higroscópico primeiro.

Simbolicamente, se expressa pelo seguinte produto:

$$\boxed{\Delta l = K.l_0}$$

Onde a constante (k) é denominada por constante do alongamento primeiro.

Portanto, chama-se alongamento primeiro, o quociente da variação do alongamento de um corpo higroscópico, inversa pelo comprimento inicial que apresenta quando não se encontra sob a ação da umidade. Esse alongamento é de certa forma também denominado por "variação unitária do comprimento"; "alongamento relativo" ou "alongamento específico". É expresso por um número puro, pois resulta da divisão entre dois valores da mesma grandeza.

Simbolicamente o referido enunciado é expresso pela seguinte relação:

$$\boxed{K = \frac{\Delta l}{l_0}}$$

Suponha-se agora que vários corpos higroscópicos de diferentes comprimentos inerciais (l_0); porém, com as mesmas características, sejam submetidos a uma região de um grau de umidade (h_1) constante.

Digo que a variação unitária do comprimento é uniforme quando a relação existente entre as variações de alongamentos sofridos e os comprimentos iniciais correspondentes a cada corpo higroscópico for uma constante. Costumo também afirmar, de outra maneira, que as variações de alongamentos sofridos por vários corpos higroscópicos, por intermédio de um grau de umidade constante, são diretamente proporcionais ao comprimento inicial.

Simbolicamente, conclui-se que:

$$\frac{\Delta l_1}{l_{0_1}} = \frac{\Delta l_2}{l_{0_2}} = ... = \frac{\Delta l_{n-1}}{l_{0_{n-1}}} = \frac{\Delta l_n}{l_{0_n}} = \text{cons} \tan \text{te} \equiv K$$

A proporção, na verdade, indica que a constante de alongamento linear (K), em todos os corpos higroscópicos de mesmas características, em relação ao comprimento inicial é uma constante. Logo, resulta que:

$$K_1 = K_2 = \ldots = K_{n-1} = K_n \equiv cons\tan te \equiv K$$

Isto, portanto vem a mostrar que a mesma constante que é a constante de alongamento linear média em qualquer corpo higroscópico de mesmas características é também a mesma constante de alongamento linear em qualquer comprimento inicial.

8. Índice de Higrocidade

No presente item vou procurar apresentar a noção de higrocidade. Sempre que um corpo higroscópico for imerso numa região úmida, seu alongamento varia de acordo com o grau dessa umidade.

Mantendo-se o grau de umidade constante, verifica-se que a variação desse alongamento varia de um corpo higroscópico para outro. E nestes corpos, quanto maior for o alongamento que uma umidade de um mesmo grau puder provocar, maior será a higrocidade desse corpo.

A medida desse fenômeno dá-se a denominação de *índice de higrocidade*. Dessa maneira o índice de higrocidade é uma grandeza associada ao alongamento higrológico e mede a variação de alongamento do corpo higroscópico sob a ação de um grau de umidade. Logo, mede a própria natureza higrológica do corpo.

Em um mesmo corpo higrológico, o índice de higrocidade permanece absolutamente constante, pois o corpo sofre alongamentos iguais em graus de umidades iguais; isto é, o índice de higrocidade em qualquer grau de umidade possuem valores numericamente iguais. Quando isso ocorre digo que o índice de higrocidade é constante com o grau de umidade. Em outros termos pode-se afirmar que o índice de higrocidade é constante quando o alongamento aumente ou diminue em comprimentos iguais em graus de umidades iguais.

O índice de higrocidade é tanto maior quanto maior for o alongamento resultante por um corpo higroscópico e é tanto menor quanto maior for o grau de umidade a qual esse corpo é submetido.

Em qualquer grau de umidade que se considere, o índice de higrocidade permanece constante. Isto se deve ao fato da variação do grau de umidade ser proporcional ao alongamento. Dessa forma, pode-se estabelecer a lei do índice de higrocidade, cujo enunciado reza a seguinte oração:

"Dentro dos limites do alongamento higrológico, o índice de higrocidade é igual ao quociente da variação do alongamento, inversa pela variação de umidade correspondente aos respectivos alongamentos".

Considere então, um corpo higroscópico submetido à ação de um determinado grau de umidade. Sejam, então, (l), e (l + Δl) seus alongamentos instantâneos nos graus de umidade (h) e (h + Δh), respectivamente. Define-se índice de higrocidade escalar médio (Ψ_m) no grau de umidade (Δh) pelo quociente:

$$\Psi_m = \frac{\Delta l}{\Delta h}$$

Chamo por definição, índice de higrocidade escalar instantâneo, ao limite do índice de higrocidade escalar médio para (Δh) tendendo a zero.

$$\psi = \lim_{\Delta h \to 0} \psi_m = \lim_{\Delta h \to 0} \frac{\Delta l}{\Delta h}$$

Matematicamente representa-se essa igualdade por:

$$\psi = \frac{dl}{dh}$$

Isto é, o índice de higrocidade escalar instantâneo é o número que se obtém derivando o alongamento em relação ao grau de umidade.

As referidas expressões matemáticas são aquelas que traduzem a denominada lei do índice de higrocidade. Denominarei por *índice de higrocidade uniforme* todo índice de higrocidade constante com a umidade. Logo, nesse caso o índice de higrocidade médio do corpo higroscópico (Ψ_m) em qualquer grau de umidade (Δh) é o mesmo e, portanto, igual ao índice de higrocidade (Ψ) em qualquer grau de (h).

$$\psi_m = \psi$$

Experimentalmente verifica-se que o índice de higrocidade entre o alongamento verificado e o grau de umidade é perfeitamente válido até um determinado limite, denominado muitas vezes por *limite de higrocidade*. Isto simplesmente significa que existe um valor limite para o qual a lei do índice de higrocidade não é mais obedecida.

A unidade do índice de higrocidade é o *Galileu* e será largamente postulada nos próximos capítulos.

9. Relação entre o Índice de Higrocidade e a Constante Higrométrica

Com certa freqüência, é muito comum ocorrer casos que em uma experiência, tem-se a necessidade de converter índice de higrocidade para a constante higrométrica ou vice-versa, por esse motivo torna-se muito conveniente um relacionamento entre essas duas grandezas.

Demonstrei que a constante higrométrica é expressa pelo quociente da variação do grau de umidade, inversa pela variação de alongamento de um dado corpo higroscópico.

O referido enunciado é expresso simbolicamente pela seguinte relação:

$$\alpha = \frac{\Delta h}{\Delta l}$$

Já o índice de higrocidade de um corpo higroscópico é expresso pelo quociente da variação do alongamento, inversa pela variação do grau de umidade.

Simbolicamente, o referido enunciado é expresso pela seguinte relação:

$$\psi = \frac{\Delta l}{\Delta h}$$

Multiplicando-se uma expressão pela outra, obtém-se:

$$\alpha.\psi = \frac{\Delta h.\Delta l}{\Delta l.\Delta h}$$

Eliminando os termos em evidência, resulta que:

$$\alpha.\psi = 1$$

A referida expressão é aquela que traduz a lei da relação existente entre a constante higrométrica e o índice de higrocidade de um corpo higroscópico.

O enunciado da referida equação reza a seguinte oração: "o produto entre a constante higrométrica pelo índice de higrocidade tem como resultado uma constante de valor absoluto igual ao índice um (1)".

Por regra de três simples e direta, se expressa:

$$\alpha.\psi = 1$$

$$\psi = \frac{1}{\alpha}$$

$$\alpha = \frac{1}{\psi}$$

A constante higrométrica no corpo higroscópico e o índice de higrocidade são relações inversas: conhecido o índice de higrocidade determina-se a constante higrométrica e vice-versa.

10. Equação de Alongamento Linear

Um corpo higroscópico encontra-se em estado de alongamento perfeitamente uniforme quando seu índice de higrocidade se mantém constante durante todo o processamento do alongamento. Dessa maneira, pode-se concluir que:

a) Em qualquer trecho do alongamento do corpo higroscópico, o índice de higrocidade médio é o mesmo.

b) Em qualquer ponto, o índice de higrocidade instantâneo do corpo higroscópico é o mesmo e ainda igual ao seu índice de higrocidade médio em qualquer trecho do alongamento.

c) O corpo higroscópico sofre alongamentos iguais em graus de umidades constantes.

Passarei, então, a estudar o alongamento perfeitamente uniforme, considerando para tanto um corpo higroscópico qualquer. Para poder referir aos alongamentos que o corpo higroscópico irá assumindo em cada grau de umidade será estabelecida uma origem (0). Essa origem é a extremidade do corpo higroscópico afixado em um referencial inercial. Será ainda estabelecido para contagem do grau de umidade, um grau de umidade que provoca um alongamento linear, denominado por grau origem das umidades.

Deve-se, no entanto observar que:

I - Ao se iniciar o alongamento, o corpo higroscópico não precisa necessariamente se encontrar na origem, contada a partir da extremidade afixada no referencial inercial (o); ou seja, o alongamento pode estar previamente situado a certa distância da referida origem, dada pela abscissa (l_0). Esse é o comprimento inicial que o corpo higroscópico apresenta.

II - A finalidade do presente estudo é determinar o comprimento total em que o corpo higroscópico irá assumindo, com relação à origem (0) fixada num certo grau de umidade.

Continuando; seja então, (x_0) o comprimento de abscissa (l_0) do corpo higroscópico, no grau de umidade de origem (h=0).

Seja (x) o comprimento de abscissa (l) do corpo higroscópico, no grau de umidade (h) considerada.

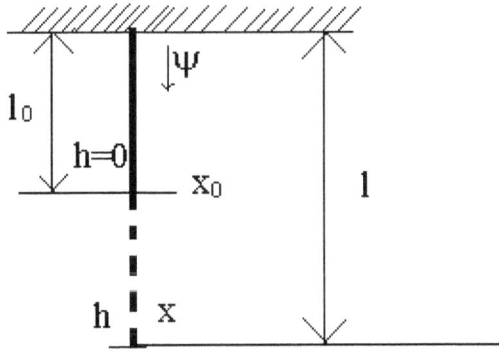

O elemento (x) é a abscissa que caracteriza o estágio do comprimento do corpo higroscópico submetido à ação de uma umidade de grau (h), com relação à origem (0), e não o comprimento assumido por ele ($l - l_0$) no grau de umidade que se estende entre (0) a (h).

Introduzirei então uma lei que permita determinar o comprimento assumido pelo corpo higroscópico em cada grau de umidade h absorvido pelo dito corpo.

No intervalo do grau de umidade (h – 0 = h), o corpo higroscópico se alongou realmente (h – h_0= h).

Da definição de índice de higrocidade médio, tem-se o seguinte: considerarei um corpo higroscópico num alongamento qualquer. Seja então, (Δl) a variação do alongamento que resulta do corpo higroscópico em um intervalo de grau de umidade (Δh). Por definição, chama-se índice de higrocidade média (Ψ_m), no estágio de alongamento, o quociente:

$$\Psi_m = \frac{\Delta l}{\Delta h}$$

Ou melhor, o índice de higrocidade de um corpo higroscópico é igual ao quociente da variação do alongamento inverso pela variação da umidade absorvida. O índice de higrocidade mede a própria higrocidade do material higroscópico e é uma característica invariável desses corpos.

Como no caso, o índice de higrocidade médio se iguala ao índice de higrocidade instantâneo ($\Psi_m = \Psi$), pode-se então escrever:

$$\Psi = \frac{\Delta l}{\Delta h} = \frac{l - l_0}{h - 0} = \frac{l - l_0}{h}$$

Isto permite escrever que:

$$\Psi = \frac{l - l_0}{h}$$

Portanto vem que:

$$l - l_0 = \psi.h; \text{ logo se conclui:}$$

$$\boxed{l = l_0 + \psi.h}$$

Esta equação do alongamento linear que possibilita determinar, a cada grau de umidade absorvida (h), o comprimento total de um corpo higroscópico, com relação à origem (0) de sua extremidade afixada em um referencial inercial ao outro extremo do corpo higroscópico.

Uma análise superficial da equação ao alongamento linear de um corpo higroscópico perfeitamente higrológico revela claramente que o comprimento do corpo higroscópico entre os seus terminais dependerá tão somente do grau de umidade h que é absorvido, na situação considerada, já que tanto o comprimento inicial quanto ao índice de higrocidade são constantes características do corpo higroscópico considerado.

a) $l_0 \equiv \text{cons} \tan \text{te}$
b) $\psi \equiv \text{cons} \tan \text{te}$

Portanto, conclui-se que l = f(h).
Passarei a estudar então a dependência de (l) em função de (h).

A) $\boxed{h = 0}$ Quando o grau de umidade absorvida por um corpo higroscópico é nulo, o que ocorre sempre que este se encontra numa região absolutamente seca, então se tem:

$$l = l_0 + \psi.h$$

Portanto resulta que:

$$\boxed{l = l_0}$$

Dessa maneira, o comprimento de um corpo higroscópico é igual ao seu comprimento inicial na ausência de umidade.

Logicamente volta-se a obter $(l = l_0)$ ao se empregar um corpo higroscópico com índice de higrocidade considerada desprezível ($\Psi = 0$). Nesse caso, o comprimento resultante entre os terminais do referido corpo é sempre constante, pois passa a independer do grau de umidade h, tem-se então o chamado corpo não higroscópico. Na prática uma boa parte são corpos não higroscópicos; alguns corpos apresentam alongamentos mínimos ao ser submetido sob a ação de grandes graus de umidade, de tal modo que, antes do início do processamento do alongamento observado, o corpo é considerado não higroscópico.

Logo em um corpo não higroscópico $\Psi = 0$.

$$l = l_0 + \psi . h$$

Isto implica que:

$$\boxed{l = l_0}$$

Dessa forma um corpo pode ser considerado como não higroscópico dentro de certos limites após o qual deixa de ser não higroscópico.

B) $\boxed{h > 0}$ Conforme cresce o grau de umidade que é absorvido pelo corpo higroscópico, a variação de alongamento entre seus terminais, também cresce, já que o fenômeno em debate é o do alongamento linear.

C) **h Máximo (h_{mx})** O valor do grau de umidade máximo (h_{mx}) é limitado pelo próprio sistema no qual o corpo higroscópico faz parte. Em meus estudos pude observar que os alongamentos são perfeitamente higrológicos até certo limite, após o qual os alongamentos resultantes não ocorrem. Naturalmente nesse caso, se ($h = h_{mx}$) evidentemente o alongamento será ($l = l_{mx}$). Quando isso ocorre digo que o sistema encontra-se saturado.

De acordo com as conclusões anteriores, obtém-se:

$$\boxed{l_{mx} = l_0 + \psi . h_{mx}}$$

11. Curva Característica de um Corpo Higroscópico

A dependência de (l) em função de (h) é claramente linear, o que sugere uma reta, cujas principais características são as seguintes:

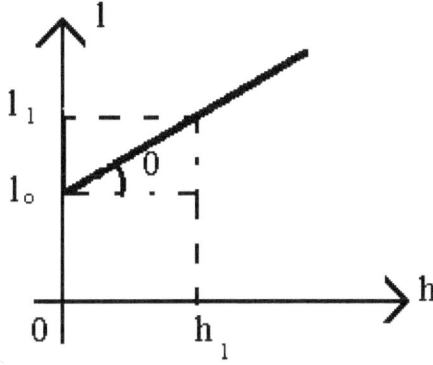

Leandro Bertoldo
HIGROLOGIA

$$\mathrm{tg}\theta \overset{N}{=} \frac{l_1 - l_0}{h_1}$$

Então posso concluir que:

$$\mathrm{tg}\theta \overset{N}{=} \psi$$

Logo um alongamento linear de um corpo não higroscópico apresentaria uma forma de curva constante; ou melhor, independente dos demais fatores variáveis, com o grau de umidade, a temperatura, etc. Desses fatores o mais importante é o grau de umidade absorvido pelo corpo não higroscópico. No caso de um corpo higroscópico de comprimento inicial constante, por exemplo, a característica externa do referido corpo teria o aspecto indicado no seguinte gráfico.

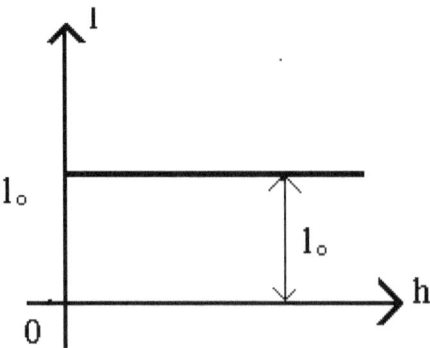

Pode-se observar claramente no referido gráfico que o comprimento inicial que resulta entre os terminais do referido corpo permanece absolutamente constante, qualquer que seja o valor do grau de umidade absorvida. Ou seja, à medida que o grau de umidade aumenta, nenhum alongamento apreciável é registrado no corpo higroscópico.

Uma figura esquematizando um corpo higroscópico imerso numa região de certo grau de umidade h, apresenta um alongamento, caracterizado pela seguinte figura:

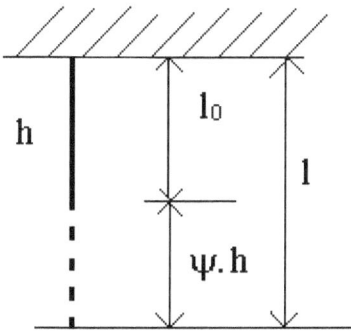

Conclui-se que o comprimento resultante entre os terminais do corpo higroscópico deve ser igual à soma da variação do alongamento com o comprimento inicial que o referido corpo apresenta na ausência de umidade.

$$l = l_0 + \Delta l$$

Onde (Δl) é uma variação de alongamento, provocada no corpo higroscópico, quando o mesmo é submetido numa região de umidade, esta variação de alongamento é diretamente proporcional ao próprio grau de umidade h.

$$\Delta l = \psi.h$$

Substituindo convenientemente as duas últimas expressões, obtém-se que:

$$\boxed{l = l_0 + \psi.h}$$

Evidentemente, esta equação é aquela que caracteriza o alongamento linear, onde (l_0) é o comprimento inicial constante de um dado corpo higroscópico e (Ψ) é o índice de higrocidade desse corpo, também é caracterizado por uma constante.

Os corpos higroscópicos que apresentam características retilíneas ou pelo menos aproximadamente retilíneas, e o corpo higroscópico em debate se diz linear, pois sua característica será um seguimento de reta.

Torno a repetir que, dessa forma, observa-se que (l) em função de (h) é claramente linear, o que vem a sugerir uma reta, com as seguintes características, de acordo com o indicado no seguinte gráfico:

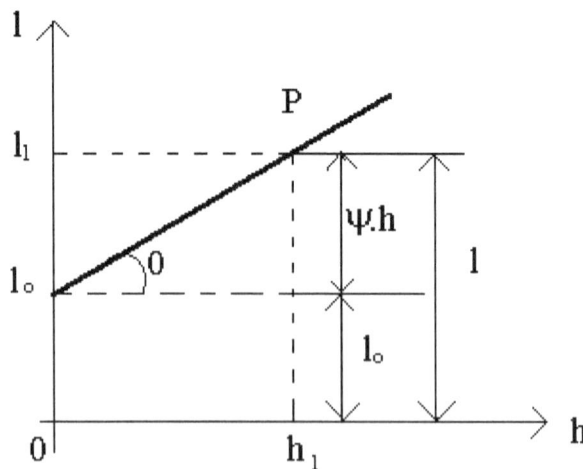

A equação de um corpo higroscópico em um alongamento linear, de constante (l_0, Ψ): $l = l_0 + \Psi$. $h = \Psi$. $h + l_0$ é uma função de primeiro grau entre o comprimento do corpo higroscópico e o grau de umidade que caracteriza o sistema ($y = l$, $x = h$, $a = \Psi$, $b = l_0$). Pois a função do primeiro grau é a expressão ($y = a$. $x + b$), onde a e b são constantes.

Na última figura tem-se a característica de um corpo higroscópico perfeitamente higrológico que é representado por uma reta do coeficiente angular que corta o eixo das ordenadas no valor de seu comprimento inicial (l_0). Seu gráfico é uma reta que não passa pela origem.

Além disso, conclui-se facilmente que, o coeficiente angular desta reta é igual à constante de índice de higrocidade (Ψ), e a constante do comprimento inicial (l_0) do corpo higroscópico é o valor da ordenada na origem.

$$\boxed{tg\theta = \overset{N}{} \frac{l - l_0}{h}}$$

Portanto, isto permite concluir que:

$$\boxed{tg\theta \overset{N}{} = \psi}$$

12. Lei Generalizada do Alongamento Linear

A lei que será estabelecida no presente parágrafo encontra-se largamente fundamentada nas leis e equações dos parágrafos anteriores.

A) Influência do comprimento inicial no alongamento linear.

Quando se imerge um corpo higroscópico linear de comprimento inicial (l_0) igual a 100 centímetros, em uma região de umidade (h) de grau igual a 10°L, sua dimensão linear aumenta numa variação de ($\Delta l = 0,14$ centímetros).

Submetendo à ação do mesmo grau de umidade (h), outro corpo higroscópico com as mesmas características e índice de higrocidade do primeiro; porém, com a exceção de possuir o dobro do comprimento inicial do primeiro ($l_0 = 200$ centímetros) tem seu comprimento (Δl) aumentado de ($\Delta l = 0,28$ centímetros); ou seja, o dobro do alongamento anterior.

Para outro comprimento inicial, ao mesmo grau de umidade, acarretará outro alongamento proporcional. Esta experiência representa a lei do alongamento higroscópico primeiro e indica que a variação do comprimento do alongamento (Δl) de um corpo higroscópico ao ser submetido à ação de um grau de umidade invariável é diretamente proporcional (K) ao seu comprimento inicial (l_0).

O referido enunciado é expresso simbolicamente por:

$$\Delta l = K . l_0$$

Onde a constante de proporcionalidade (K) é a constante de alongamento linear primeiro.

B) Influência da variação de umidade no alongamento linear.

Conservando um comprimento inicial, por exemplo, ($l_0 = 100$ cm), para um corpo higroscópico linear, o índice de higrocidade (h) igual a (10°L), a ação da umidade produz no corpo higroscópico uma variação de alongamento (Δl = 0,14 centímetros). Uma elevação no grau de umidade (h), duas vezes maior (h= 20°L), aumenta sua variação de alongamento (Δl = 0,28 centímetros), isto é o dobro do alongamento anterior.

A referida experiência representa a lei do índice de higrocidade de um corpo higroscópico e a lei que caracteriza a constante higrométrica. O enunciado da referida lei afirma que: "Em se tratando de um sistema higrológico, a umidade é diretamente proporcional à variação do alongamento".

Simbolicamente o referido enunciado é expresso por:

$$\boxed{\Delta h = \alpha . \Delta l}$$

Já o enunciado de lei do índice de higrocidade reza: "A variação do alongamento (Δl) de um corpo higroscópico, de comprimento inicial constante, ao ser imerso em uma região úmida é igual ao produto entre o índice de higrocidade pela variação de umidade (Δh), correspondente aos respectivos alongamentos".

O referido enunciado é expresso simbolicamente por:

$$\boxed{\Delta l = \psi . \Delta h}$$

Ou melhor:

$$\boxed{\Delta l = \psi . h}$$

Dessa maneira conclui-se que a variação do alongamento é diretamente proporcional à umidade absorvida por um corpo higroscópico.

C) Influência da caracterísitca do material que constitui o corpo higroscópico

Repetindo as mesmas experiências para corpos higroscópicos constituídos por materiais distintos, observa-se também aqui o mesmo comportamento das leis enunciadas anteriormente, embora os alongamentos verificados sejam particulares para cada peso.

Portanto, a variação do alongamento (Δl) de um corpo higroscópico ao ser imerso numa região de umidade, depende do material higroscópico e das características geométricas que o constitui.

Tendo em vista que a variação do alongamento (Δl) de um corpo higroscópico é diretamente proporcional ao comprimento inicial (l_0) e é também diretamente proporcional ao grau de umidade, então se tem a seguinte expressão:

$$\boxed{\Delta l = i . l_0 . \Delta h}$$

Onde a letra (i), caracteriza uma constante de proporcionalidade denominada por "coeficiente de alongamento linear", característica de cada material higroscópico. A referida expressão constitui a lei do chamado alongamento linear.

13. Coeficiente de Alongamento Linear

O alongamento de um corpo higroscópico, por unidade de comprimento e por unidade de umidade, é denominado por coeficiente de alongamento linear. Portanto, define-se o coeficiente de alongamento linear de uma substância higrométrica pela seguinte equação:

$$i = \frac{1}{l_0} \cdot \frac{\Delta l}{\Delta h}$$

$$\text{Como: } \psi = \frac{\Delta l}{\Delta h}$$

Então, substituindo convenientemente as duas últimas expressões resulta que:

$$i = \frac{\psi}{l_0}$$

Onde, (l_0) é o comprimento inicial do corpo higroscópico considerado a um grau de umidade inicial qualquer (h_0); (Δl) é a variação do alongamento $(l - l_0)$ que o corpo higroscópico experimenta quando o grau de umidade absorvida varia de (h_0) para (h), sendo $(h - h_0 = \Delta h)$.

Um termo muito importante que será estudado na equação generalizada do alongamento linear é representado simbolicamente por $1 + i.\Delta h$ e, é denominado por binômio de alongamento linear.

Na realidade não existe corpo higroscópico perfeitamente higrológico. Cessada a ação da umidade que o mesmo absorve, pode-se observar que o corpo não mais volta exatamente à sua forma inicial. Persiste certo alongamento residual.

Dessa forma, embora os corpos higroscópicos apresentem alongamentos considerados perfeitamente higrológicos, na verdade ele sofre um alongamento permanente mínimo.

Então o coeficiente de alongamento linear, como foi definido, corresponde a um valor médio entre o grau de umidade inicial (h_0) e o grau de umidade final (h). É possível definir um coeficiente para umidade, pelo limite da expressão (i = $\Delta l / l_0$. Δh) quando o intervalo da umidade (Δh) tende a zero.

Para o presente estágio do estudo considerarei que o coeficiente de alongamento linear de um corpo higroscópico qualquer é independente do grau de umidade. Rigorosamente, isto não é absolutamente correto. Considera a equação:

$$i = \frac{1}{l_0} \cdot \frac{\Delta l}{\Delta h}$$

Ela define, realmente, os coeficientes de alongamentos linear médios entre os graus de umidade (h_1) e (h_2).

O coeficiente de alongamento linear para um determinado grau de umidade é definido por:

$$\boxed{i = \frac{1}{l_0} \cdot \frac{dl}{dh}}$$

Contudo, para a média geral, dos graus de umidade, pode-se considerar, sem erro muito grande, que o valor médio do coeficiente de alongamento linear praticamente coincide com o coeficiente em dado grau de umidade absorvida.

O coeficiente de alongamento linear de um corpo higroscópico de forma linear é medido dando dois traços finos no referido corpo próximo às suas extremidades; em seguida, com um micrômetro óptico, mede-se o deslocamento de cada traço por efeito de uma dada variação de grau de umidade.

14. Equação Dimensional do Coeficiente de Alongamento Linear

Da equação $i = \dfrac{1}{l_0} \cdot \dfrac{\Delta l}{\Delta h}$, tira-se que:

$$[i] = \frac{[\Delta l]}{[l].[\Delta h]} = \frac{[l]}{[l].[h]}$$

Eliminando os termos em evidência, resulta que:

$$[i] = \frac{1}{[h]}$$

Portanto:

$$[i] = [h]^{-1}$$

Portanto, o coeficiente de alongamento linear de acordo com a definição é o inverso da umidade $i = \dfrac{1}{h}$ denominado por umidade recíproca e cujo símbolo é caracterizado por: h^{-1}. Logo com o que foi estudado pode ser definido como a variação relativa por acréscimo de grau de umidade.

Dessa maneira, a unidade de coeficiente de alongamento linear é expressa por: h^{-1}; onde h corresponde a qualquer unidade de umidade. Portanto, é absolutamente fácil compreender que as unidades são o inverso da unidade de umidades do sistema métrico considerado: $°L^{-1}$.

15. Equação Generalizada do Alongamento Linear

De $\Delta l = i.l_0.\Delta h$, verifica-se que, para mesmo comprimento inicial (l_0) e mesma variação no grau de umidade (Δh), sofre maior variação de alongamento (Δl), o material higroscópico do maior coeficiente de alongamento linear (i). Os corpos higroscópicos de maior índice de higrocidade estão entre os que mais sofrem alongamentos, apresentando maior coeficiente de alongamento linear. Por outro lado existem corpos higroscópicos que apresentam pequeno coeficiente de alongamento linear e, portanto, reduzido alongamento e logicamente, apresentam índice de higrocidade muito baixo.

Retornando ao assunto principal, outra expressão para a lei do alongamento linear é obtida substituindo a variação de alongamento Δl por ($l - l_0$), sendo l o comprimento final assumido pelo corpo higroscópico:

$$\Delta l = i.l_0.\Delta h$$

Porém, como $\Delta l = l - l_0$, obtém-se:

$l - l_0 = i.l_0.\Delta h$; isto implica que:

$l = l_0 + i.l_0.\Delta h$; portanto:

$$l = l_0 . (i . \Delta h)$$

Essa é a expressão generalizada que permite obter o novo comprimento do corpo higroscópico, a um dado valor do grau de umidade.

Como já foi verificada, a constante (i) é denominada por coeficiente de alongamento linear médio, entre os graus de umidade (h_0) e (h). Ele é observado quando se considera intervalos de graus de umidades não muito grandes ou alongamentos enormes. Somente nessas condições o coeficiente (i) apresentará variação insignificante; isso permitirá, então, que se considere o coeficiente (i) como constante, dentro desses intervalos. Tal procedimento é exatamente o que tenho adotado para as condições iniciais acerca de (i).

16. Gráficos do Alongamento Linear

É possível imaginar e concluir uma experiência bem simples na qual o corpo higroscópico de comprimento inicial (l_0) é levado, a partir de um grau de 0°L, para umidades sucessivamente maiores como, por exemplo, 5°L, 10°L, 15°L..., 50°L. Se anotar o comprimento (l) do corpo higroscópico para cada grau de umidade e lança-la em um diagrama, (l, h) obter-se-á uma curva que, para um pequeno grau de umidade pode ser confundida praticamente com uma reta, valendo a expressão $l = l_0 . (1 + i . \Delta h)$. Porém como $\Delta h = (h - h_0)$ tem-se:

$$l = l_0 [1 + i . (h - h_0)]$$

Se (h = 0°L), vem que: $l = l_0 + i.l_0.h$, que é uma função do primeiro grau.

No gráfico da função $l = l_0 + i.l_0.h$

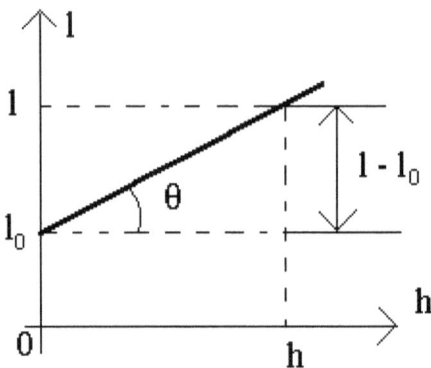

Observando o ângulo (θ) verifica-se que a expressão $tg\theta = l - l_0 \, / \, h = i.l_0$, constitui no gráfico o coeficiente angular da reta.

De $\Delta l = i.l_0 . (h - h_0)$. Se $h_0 = 0$ graus higros, vem que:

$$\Delta l = i.l_0 . h$$

Que é uma função linear. Seu gráfico tem a seguinte aparência:

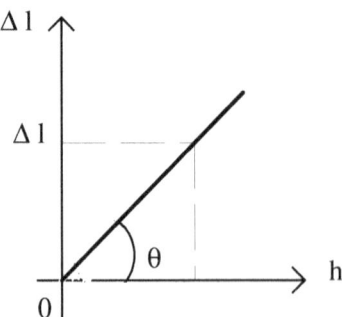

Onde $tg\theta = l - l_0 / h = i.l_0$, que constitui o coeficiente angular da reta.

17. Variação da Densidade Linear com a Umidade

Na higrologia existem três maneiras distintas de classificar a densidade higrológica. E são as seguintes:
a) densidade linear
b) densidade superficial
c) densidade volumétrica.

No momento vou preocupar-me apenas com a densidade linear, deixando as outras para os seus respectivos momentos.

Suponha que uma massa (m) de uma substância higroscópica qualquer que se encontra no estado sólido, apresente um comprimento (l_0) quando o ambiente é absolutamente seco; ou seja, quando a umidade é nula, o que ocorre quando se tem zero grau Higro.

Designando por (μ_0) a densidade linear nesse estado; então, posso afirmar categoricamente que a densidade linear inicial é igual ao quociente da massa da substância higroscópica, inversa pelo comprimento do fio.

Simbolicamente, o referido enunciado é expresso pela seguinte relação:

$$\mu_0 = \frac{m_f}{l_0}$$

Considere agora que esse fio higroscópico seja submetido a um grau de umidade qualquer. Evidentemente, vai absorver essa umidade, logo ficará com a massa de água absorvida.

Logo, posso afirmar que a massa total de um fio higroscópico a um grau de umidade qualquer diferente de zero é igual à massa desse fio adicionado com a massa de água absorvida no decorrer do umidecimento.

Simbolicamente o referido enunciado é expresso pela seguinte igualdade:

$$M = m_f + m_{H_2 0}$$

Logicamente a densidade (μ) assumida pelo fio higroscópico, quando submetido a uma região úmida é igual ao quociente de sua massa total, inverso pelo comprimento do fio imerso na referida região.

O referido enunciado é expresso simbolicamente pela seguinte relação:

$$\mu = \frac{M}{l}$$

Substituindo convenientemente as duas últimas equações, resulta que:

$$\mu = \frac{m_f + m_{H_2 0}}{l}$$

Resumindo os resultados obtidos até o presente momento, posso escrever que:

$$\longrightarrow h = 0°L \longrightarrow \mu_0 = \frac{m_f}{l_0}$$

$$\longrightarrow h \neq 0°L \longrightarrow \mu = \frac{m_f + m_{H_2O}}{l}$$

Portanto conclui-se que:

$$\rightarrow m_f = \mu_0 . l_0$$
$$\rightarrow m_f + m_{H_2O} = \mu . l$$

Substituindo convenientemente as duas últimas expressões, obtém-se que:

$$\mu_0 . l_0 + m_{H_2O} = \mu . l$$

Logo a densidade linear será expressa por:

$$\mu = \frac{\mu_0 . l_0}{l} + \frac{m_{H_2O}}{l}$$

Porém: $l = l_0 . (1 + i . \Delta h)$

Então, substituindo convenientemente as duas últimas expressões, resulta que:

$$\mu = \mu_0 . l_0/[l_0 . (1 + i . \Delta h)] + m_{h2o}/[l_0 . (1 + i . \Delta h)]$$

Eliminando os termos em evidência, resulta que:

$$\mu = \mu_0/(1 + i . \Delta h) + m_{h2o}/[l_0 . (1 + i . \Delta h)]$$

Então, vem que:

$$\mu = (\mu_0 \cdot l_0 + m_{h2o})/[l_0 \cdot (1 + i \cdot \Delta h)]$$

18. Corpo Higroscópico Independente da Absorvição da Umidade

Se um corpo higroscópico não absorver a umidade que o envolve, ele evidentemente apresentaria uma equação de densidade mais simples.

Então, considere uma massa (M) de uma substância higrológica qualquer que se encontra no estado sólido. Considere então que os comprimentos assumidos pelo corpo higroscópico a um grau de umidade nulo ($h = 0$) e a um grau de umidade diferente de zero ($h \neq 0$) sejam respectivamente (l_0 e l). Designando por (μ_0 e μ) as densidades, respectivamente a uma umidade ($h = 0$) e ($h \neq 0$), pode-se escrever:

a) $\quad h = 0 \;$ implica que $\; \mu_0 = \dfrac{M}{l_0}$

b) $\quad h \neq 0 \;$ implica que $\; \mu = \dfrac{M}{l}$

Dividindo membro a membro, resulta que:

Leandro Bertoldo
HIGROLOGIA

$$\frac{\mu_0}{\mu} = \frac{\dfrac{M}{l_0}}{\dfrac{M}{l}}$$

A matemática elementar mostra que o produto dos meios é igual ao produto dos extremos, então, resulta que:

$$\frac{\mu_0}{\mu} = \frac{M.l}{M.l_0}$$

Eliminando os termos em evidência, resulta que:

$$\frac{\mu_0}{\mu} = \frac{l}{l_0}$$

A referida expressão traduz a relação existente entre a densidade e o comprimento que um corpo higroscópico apresenta. Com a referida expressão é possível demonstrar a dedução da equação que traduz a densidade linear. Basta simplesmente saber que:

$$l = l_0 . (1 + i . \Delta h)$$

Portanto conclui-se que:

$$l/l_0 = 1/(1 + i . \Delta h)$$

Porém demonstrei que a relação existente entre a densidade linear e o comprimento é expressa por:

$$\frac{l_0}{l} = \frac{\mu}{\mu_0}$$

Que substituindo convenientemente na última expressão, resulta que:

$$l/l_0 = \mu/\mu_0 = 1/(1 + i \cdot \Delta h)$$

Logo se pode concluir que:

$$\mu/\mu_0 = 1/(1 + i \cdot \Delta h)$$

Portanto, resulta na equação que traduz a variação da densidade linear de um corpo higroscópico que não absorve a umidade.

$$\mu = \mu_0/(1 + i \cdot \Delta h)$$

E toda vez que o corpo higroscópico envolvido absorver umidade, basta simplesmente acrescentar na referida expressão a densidade da substância (S) que absorve. Simbolicamente, resulta que:

$$\mu = [\mu_0/(1 + i \cdot \Delta h)] + \mu_s$$

19. Dedução Teórica de uma Lei do Alongamento Linear

Sabe-se que o índice de higrocidade de um corpo higroscópico é igual ao quociente da variação de alongamento, inverso pela variação do grau de umidade absorvida.

Simbolicamente, o referido enunciado é expresso pela seguinte relação:

$$\psi = \frac{\Delta l}{\Delta h}$$

Sabe-se também que, a constante de alongamento linear primeiro é igual ao quociente da variação do alongamento que o corpo higroscópico apresenta, inversa pelo comprimento inicial do referido corpo.

Simbolicamente, o referido enunciado é expresso pela seguinte relação:

$$K = \frac{\Delta l}{l_0}$$

Multiplicando-se o índice de higrocidade pela constante de alongamento primeiro, implica que:

$$\psi . K = \frac{\Delta l . \Delta l}{\Delta h . l_0}$$

Logo resulta que:

$$\psi . K = \frac{\Delta l^2}{\Delta h . l_0}$$

Então, concluí-se que:

$$\Delta l^2 = \psi . K . l_0 . \Delta h$$

Porém, como o índice de higrocidade e a constante de alongamento primeiro são valores de caráter absolutamente constante. Então, o produto entre duas constantes, resulta numa terceira constante genérica.

Portanto, a constante genérica do alongamento linear é igual ao produto entre o índice de higrocidade pela constante de alongamento primeiro.

Simbolicamente, o referido enunciado é expresso por:

$$\alpha = \psi . K$$

Logo, substituindo convenientemente as duas últimas expressões, obtém-se que:

$$\Delta l^2 = \alpha . l_0 . \Delta h$$

A referida expressão representa a dedução teórica da lei do alongamento linear, é enunciado nos seguintes termos:

"O quadrado da variação do alongamento linear é igual a uma constante genérica em produto com o comprimento inicial do corpo higroscópico multiplicado pela variação de umidade".

20. Equação Oriunda da Lei Teórica do Alongamento Linear

Sabe-se que a variação do alongamento de um corpo higroscópico é igual ao comprimento total que apresenta ao ser imerso numa região úmida, pela diferença do comprimento inicial, resultante quando o corpo higroscópico encontra-se na total ausência de umidade; ou seja, quando se encontra numa região absolutamente seca.

Simbolicamente, o referido enunciado é expresso por:

$$\Delta l = l - l_0$$

Demonstrei que:

$$\Delta l^2 = \alpha.l_0.\Delta h$$

Substituindo convenientemente as duas últimas expressões, obtém-se:

$$l^2 - l_0^2 = \alpha.l_0.\Delta h$$

O que pode ser expresso por:

$$l^2 = l_0^2 + \alpha.l_0.\Delta h$$

O que permite escrever:

$$l^2 = l_0 . (l_0 + \alpha . \Delta h)$$

A referida equação teórica do alongamento linear é enunciada nos seguintes termos: o quadrado do alongamento linear é igual ao comprimento inicial do corpo higroscópico multiplicado pelo referido comprimento inicial e também adicionado e multiplicado pela constante genérica em produto com a variação da umidade.

21. Relação entre a Constante de Alongamento Primeiro e o Índice de Higrocidade

Afirmei que a constante de alongamento linear primeiro é igual ao quociente da variação do alongamento linear inversa pelo comprimento inicial. O referido enunciado é expresso simbolicamente pela seguinte relação:

$$K = \frac{\Delta l}{l_0}$$

Demonstrei que o índice de higrocidade é igual ao quociente da variação de alongamento, inversa pela variação de umidade. Simbolicamente, o referido enunciado é expresso pela seguinte relação:

$$\psi = \frac{\Delta l}{\Delta h}$$

Então, a razão existente entre a constante de alongamento linear primeira e o índice de higrocidade implica que:

$$\frac{K}{\psi} = \frac{\dfrac{\Delta l}{l_0}}{\dfrac{\Delta l}{\Delta h}}$$

Sabe-se que os produtos dos meios são iguais aos produtos dos extremos; então, resulta que:

$$\frac{K}{\psi} = \frac{\Delta l.\Delta h}{\Delta l.l_0}$$

Ao eliminar os termos em evidência, resulta que:

$$\boxed{\frac{K}{\psi} = \frac{\Delta h}{l_0}}$$

Isso permite concluir que a razão existente entre a constante de alongamento linear primeira pelo índice de higrocidade é igual ao quociente da variação de umidade inversa pelo comprimento inicial do corpo higroscópico.

22. Variáveis de Estado

O grau de umidade; o comprimento inicial; a variação de alongamento e a constante que caracteriza o coeficiente de alongamento linear do corpo higroscópico se relacionam por leis simples que são interpretadas diretamente sob o ponto de vista macroscópico.

Em considerações gerais os corpos higroscópicos se caracterizam fundamentalmente por alongamentos e restituições; sofrendo grandes e pequenas variações de comprimento ao ser imerso em uma região com grande grau de umidade ou numa região de pequeno grau de umidade respectivamente.

Os conceitos apresentados no presente item se aplicam perfeitamente para corpos higroscópicos de higrocidade ideal.

Um corpo higroscópico de higrocidade ideal é dentro de certos limites um corpo hipotético, cujos graus de umidades absorvidas não causam o aparecimento de quaisquer outras formas de energia.

Dessa maneira, diante de tais fatos, um corpo higroscópico restitui-se perfeitamente ao seu estado inicial, quando deixa de ocorrer a ação da umidade.

Em determinados corpos higroscópicos, em certas condições, dentro dos limites de higrocidade, apresenta um comportamento que se aproxima do previsto para a higrocidade ideal.

O estado de um corpo higroscópico é caracterizado pelos valores assumidos por três grandezas.

a) O comprimento inicial (l_0) e suas variações (Δl);
b) O grau de umidade (Δh), absorvida;
c) E a constante que caracteriza o material higroscópico.

Essas grandezas constituem então, as chamadas variáveis de estado.

As variações de estado de um corpo higroscópico ideal estão relacionadas com os alongamentos sofridos por este corpo. Portanto, uma vez fixadas às três variáveis de estado, define-se o estado do corpo higroscópico. A variação de, no mínimo, duas variáveis de estado provoca a denominada *transformação higroscópica*. A exigência da variação de, no mínimo, duas variáveis de estado deve-se ao fato de não ser possível provocar a variação de uma sem alterar a outra.

Demonstrei em capítulos anteriores que:

$$\Delta l = i.l_0.h$$

Agora considere dois estados diversos de um mesmo corpo higroscópico.

Estado: A- Δh_1, l_{0_1}

Estado: B- Δh_2, l_{0_2}

Aplicada à equação geral do alongamento linear aos dois estados considerados, obtém-se:

$$\Delta l_1 = i.l_{0_1}.\Delta h_1$$
$$\Delta l_2 = i.l_{0_2}.\Delta h_2$$

Dividindo membro a membro dessas expressões, obtém-se:

$$\frac{\Delta l_1}{\Delta l_2} = \frac{l_{0_1}.\Delta h_1}{l_{0_2}.\Delta h_2}, \text{ ou}$$

$$\frac{\Delta l_1}{l_{0_1}.\Delta h_1} = \frac{\Delta l_2}{l_{0_2}.\Delta h_2}$$

A referida expressão representa analiticamente a lei geral do alongamento linear dos corpos higroscópicos de higrocidade ideal, que relaciona dois estados quaisquer de um mesmo corpo higroscópico.

23. Transformações Higroscópicas Particulares

Um corpo higroscópico sofre transformações de estado quando se modificam ao menos duas variáveis de estado.

Evidentemente, é impossível a variação de apenas uma variável; pois, pela relação $\dfrac{\Delta l}{l_0 . \Delta h}$ = constante (i) ao se variar uma das grandezas, necessariamente deve alterar pelo menos outra variável.

São comuns as transformações que variam uma ou duas das variáveis, mantendo-se, as restantes constantes. Assim pode ocorrer:

a) *Transformação Iso-higro*

Uma transformação higroscópica na qual a variação de alongamento (Δl), o comprimento inicial variam, e o grau de umidade é mantida constante, é denominada por transformação Iso-higro (iso = igual).

Na lei geral do alongamento linear:

$$\frac{\Delta l_1}{l_0 . \Delta h_1} = \frac{\Delta l_2}{l_{0_2} . \Delta h_2}$$

Sendo o grau de umidade constante $\Delta h_1 = \Delta h_2$, a expressão anterior se reduz a:

$$\boxed{\frac{\Delta l_1}{l_{0_1}} = \frac{\Delta l_2}{l_{0_2}}}$$

A um grau de umidade constante, a variação de alongamento é diretamente proporcional ao comprimento inicial.

Simbolicamente o referido enunciado é expresso por:

$$\boxed{\Delta l = K.l_0}$$

b) *Transformação Iso-Inicial*

Uma transformação higroscópica na qual a variação de alongamento (Δl) e a variação de umidade variam, e o comprimento inicial são mantidos constantes, é denominada por transformação Iso-Inicial.

Na lei geral do alongamento linear:

$$\frac{\Delta l_1}{l_{0_1}.\Delta h_1} = \frac{\Delta l_2}{l_{0_2}.\Delta h_2}$$

Sendo o comprimento inicial constante $l_{0_1} = l_{0_2}$, a expressão anterior se reduz a:

$$\boxed{\frac{\Delta l_1}{\Delta h_1} = \frac{\Delta l_2}{\Delta h_2}}$$

A um comprimento inicial constante, a variação de alongamento é diretamente proporcional à variação de umidade.

Simbolicamente, o referido enunciado é expresso por:

$$\boxed{\Delta l = K \cdot \Delta h}$$

c) *Transformação Iso-alongamento*
Uma transformação higroscópica na qual a variação de umidade e o comprimento inicial variam, e a variação de alongamento são mantidas constantes, é denominada por transformação Iso-alongamento.
Na lei geral do alongamento linear:

$$\frac{\Delta l_1}{l_{0_1} \cdot \Delta h_1} = \frac{\Delta l_2}{l_{0_2} \cdot \Delta h_2}$$

Sendo a variação de alongamento mantida constante $\Delta l_1 = \Delta l_2$, a expressão anterior se reduz a:

$$\frac{1}{l_{0_1} \cdot \Delta h_1} = \frac{1}{l_{0_2} \cdot \Delta h_2}$$

Ou seja:

$$\boxed{l_{0_1} \cdot \Delta h_1 = l_{0_2} \cdot \Delta h_2}$$

O comprimento inicial e a variação de umidade, mantendo-se a variação de alongamento constante, são inversamente proporcionais.
Por ser inversamente proporcional entende-se que, se a variação da umidade aumenta, o comprimento inicial decresce na mesma proporção e vice-versa.
Ao representar a variação da umidade em ordenadas e o comprimento inicial do corpo higroscópio em abscissas, o

gráfico da expressão anterior é uma curva denominada por *hipérbole eqüilátera.*

Conclui-se, portanto que o produto da variação da umidade pelo comprimento inicial é constante.
Algebricamente, o referido enunciado é simbolizado pela seguinte expressão:

$$\boxed{\Delta h.l_0 = K}$$

Portanto, o gráfico da transformação Iso-alongamento terá o seguinte aspecto:

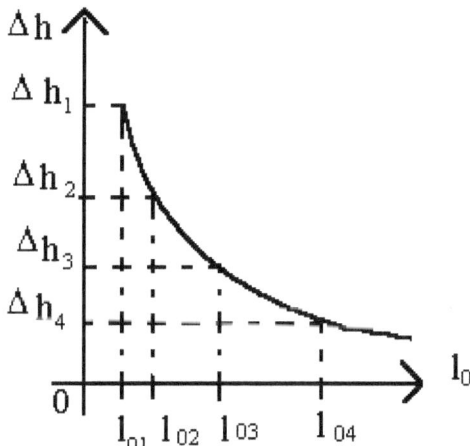

Verifica-se que, para valores constantes de variação de alongamentos, cada vez maiores, as hipérboles vão se afastando cada vez mais da origem. De acordo com o esquema indicado no gráfico:

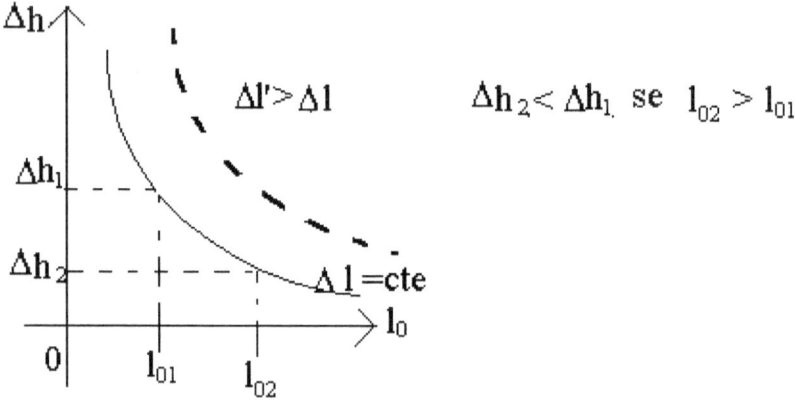

Verifica-se nesse gráfico que a transformação se realiza em um corpo higroscópico de variação de alongamento ($\Delta l' > \Delta l$), o valor do produto (Δh. l_0) é mais elevado e a hipérbole representativa ficará mais afastada dos eixos.

Nessa transformação, o produto (Δh. $l_0 = cte$) é uma função constante em relação à variação de umidade (Δh) e em relação ao comprimento inicial, como mostra os seguintes gráficos:

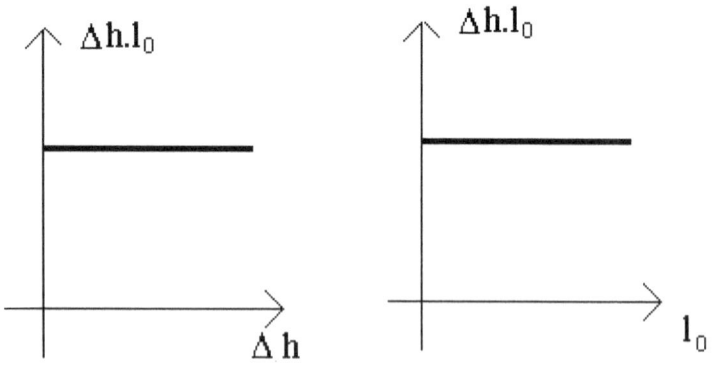

24. Bons e Maus Alongamentos

Ao submeter a um dado grau de umidade, diferentes corpos higroscópicos, observa-se que as variações de alongamento que aparecem não são iguais umas às outras. Daí segue-se que é possível classifica-los em bons e maus alongadores.

Os corpos higroscópicos bons alongadores sofrem alongamentos com grande facilidade e, portanto são todos aqueles que apresentam alto índice de higrocidade. Os fios de cabelo estão entre os corpos que apresentam bons alongamentos.

Os maus corpos higroscópicos alongadores, são todos os corpos nos quais a umidade absorvida em alto grau provoca um alongamento muito pequeno, ou nenhum alongamento. Como por exemplo, os metais em geral.

Nos capítulos que se seguirão vou procurar demonstrar através de dados experimentais o que afirmei.

ESTUDO DO ALONGAMENTO SUPERFICIAL

25. Alongamento Superficial

Nos índices anteriores procurei fundamentar o estudo do alongamento linear. E no presente índice vou procurar postular as leis fundamentais do alongamento superficial.

Para compreender o sentido que dou ao alongamento superficial, deve-se considerar uma superfície higroscópica.

Dessa maneira, a imergir uma superfície higroscópica numa região úmida, cada uma das arestas aumenta obedecendo às leis do alongamento linear, já estudadas. Em conseqüência, a área sofre um alongamento (ΔA), maior ou menor de acordo com o grau de umidade que caracteriza a região.

Nos esquemas que se seguirão, procuro mostrar o raciocínio lógico que permitiu chegar à conclusão da lei de alongamento superficial.

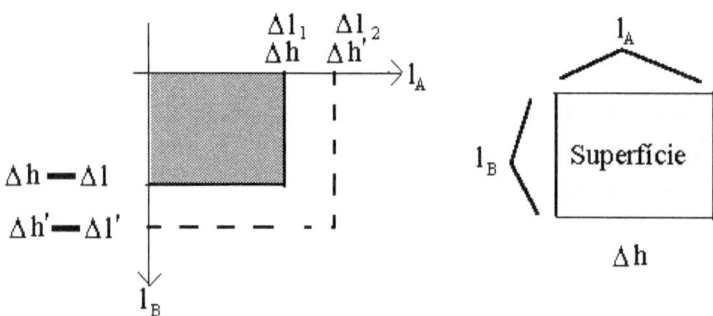

A geometria plana mostra que a área de um retângulo ou cubo é igual à aresta da base multiplicada pela aresta da altura.

Portanto vem que:

$$\boxed{\text{área} = l_A . l_B}$$

Então, a variação da área é igual à variação da aresta da base multiplicada pela variação da aresta da altura.

Simbolicamente o referido enunciado é expresso por:

Leandro Bertoldo
HIGROLOGIA

$$\Delta A = \Delta l_A . \Delta l_B$$

Logo, vem que:

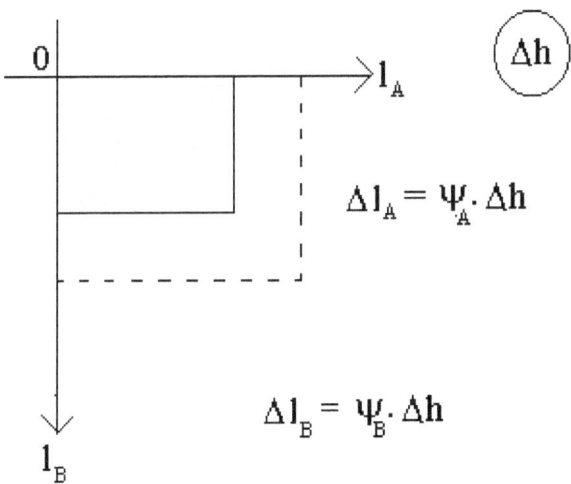

$$\Delta l_A = \Psi_A . \Delta h$$

$$\Delta l_B = \Psi_B . \Delta h$$

O alongamento de cada aresta aumenta na proporção em que o grau de umidade absorvida aumenta. Nesse caso pode-se afirmar que:

a) a variação do alongamento linear da aresta "A" de uma superfície é igual ao índice de higrocidade da referida aresta em produto com a variação de umidade.

O referido enunciado é expresso simbolicamente pela seguinte equação:

$$\Delta l_A = \psi_A . \Delta h$$

b) a variação do alongamento linear da aresta "B" de uma superfície elástica é igual ao índice de higrocidade da referida aresta em produto com a variação de umidade.

Simbolicamente o referido enunciado é expresso por:

$$\boxed{\Delta l_B = \psi_B . \Delta h}$$

Multiplicando-se as duas expressões anteriores obtém-se o seguinte:

$$\Delta l_A = \psi_A . \Delta h$$
$$\underline{\Delta l_B = \psi_B . \Delta h}$$
$$\Delta l_A . \Delta l_B = \psi_A . \psi_B . \Delta h . \Delta h$$

Afirmei que, pela geometria plana sabe-se que a área de um retângulo ou quadrado é dada por: $A = l_A . l_B$; aplicando-se essa lei na equação a pouco deduzida, obtém-se: $\Delta A = \Delta l_A . \Delta l_B$, que substituindo convenientemente, resulta que:

$$\Delta l_A = \psi_A . \psi_B . \Delta h . \Delta h$$

Como a umidade que envolve um corpo higroscópico é distribuída uniformemente na região; então, concluí-se que em qualquer ponto o grau de umidade é o mesmo.

Logo, a última expressão permite escrever que:

$$\boxed{\Delta l_A = \psi_A . \psi_B . \Delta h^2}$$

O produto entre os índices de higrocidade resulta simplesmente no índice de higrocidade superficial. Simbolicamente, o referido enunciado é expresso por:

$$S = \psi_A . \psi_B$$

Substituindo convenientemente as duas últimas expressões, resulta que:

$$\Delta A = S . \Delta h^2$$

Isso permite afirmar que a variação da área de uma superfície higroscópica é igual ao índice de higrocidade superficial teórico em produto com o quadrado da variação da umidade da região que envolve o corpo higroscópico.

Como a variação da área é igual à área total pela diferença da área inicial, resulta que:

$$\Delta A = A - A_0$$

Substituindo convenientemente as duas últimas expressões, resulta que:

$$\Delta A = A_0 + S . \Delta h^2$$

Isso permite afirmar que a área total da superfície de um corpo higroscópico é igual à área inicial adicionada com o índice de higrocidade teórico em produto com o quadrado da variação de umidade.

Leandro Bertoldo
HIGROLOGIA

Em outra parte do presente capítulo demonstrei que a variação do alongamento é igual a constante de alongamento linear primeira em produto com o comprimento inicial.

Simbolicamente, o referido enunciado é expresso por:

$$\boxed{\Delta l = K.l_0}$$

Considerando que em uma superfície higroscópica cada aresta é caracterizada por:

a) $\quad \Delta l_A = K_A.l_{0_A}$

b) $\quad \Delta l_B = K_B.l_{0_B}$

Então o produto entre as duas últimas expressões, resulta que:

$$\Delta l_A.\Delta l_B = K_A.K_B.l_{0_A}.l_{0_B}$$

Como: $\Delta A = \Delta l_A.\Delta l_B$;

$$A_0 = l_{0_A}.l_{0_B}$$

$$B = K_A.K_B$$

Então substituindo convenientemente as quatro últimas expressões, resulta que:

$$\boxed{\Delta A = B.A_0}$$

Isso permite concluir que a variação de área é igual a constante do alongamento superficial primeira em produto com a área inicial.

Comprova-se então que a variação de área $\Delta A = A - A_0$ é diretamente proporcional tanto à área inicial quanto à variação do quadrado da umidade.

a) ΔA porporcional a A_0
b) ΔA proporcional a Δh^2
c) Isto implica que ΔA proporcional a $A_0 \cdot \Delta h^2$

Portanto posso escrever:

$$\frac{\Delta A}{A_0 \cdot \Delta h^2} = cons\tan te$$

Designando a constante pelo símbolo X, tem-se:

$$X = \frac{\Delta A}{A_0 \cdot \Delta h^2}$$

$$\Delta A = X \cdot A_0 \cdot \Delta h^2$$

$$A - A_0 = X \cdot A_0 \cdot \Delta h^2$$

Logo, resulta que:

$$A = A_0 + A_0 \cdot X \cdot \Delta h^2$$

Finalmente resulta que:

$$A = A_0 \cdot (1 + x \cdot \Delta h^2)$$

Essa é a expressão que nos permite obter a nova área da face do sólido higroscópico, a um determinado grau de umidade.

A constante (x) é denominada por *coeficiente de alongamento superficial médio*, entre os graus de umidade (h_0) e (h). Como no coeficiente de alongamento linear. Observando a expressão de (x) percebe-se facilmente que sua dimensão é o inverso do quadrado da umidade. Usualmente, (x) é expresso em $(^oL)^{-2}$.

Retornando a equação: $A = A_0 \cdot (1 + x \cdot \Delta h^2)$ e levando-se em conta a constante cartesiana (x), a representação cartesiana de (A) em função de (h), toma o aspecto de uma parábola.

Graficamente, a referida função A= f(h) é uma parábola de concavidade voltada para cima; pois o coeficiente de alongamento superficial é sempre constante (x > 0).

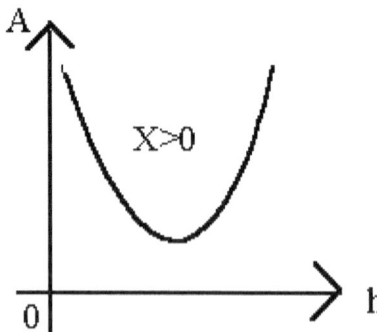

26. Variação da Densidade Superficial com a Umidade

Suponha que uma massa "m" de uma substância higroscópica que se encontra no estado sólido apresente uma área (A_0) quando a umidade é nula; isto é, quando se encontra no estado absolutamente seco, o que ocorre a $0°L$. Designando por (Ω_0) a densidade superficial nesse estado; então, posso afirmar que a densidade superficial inicial é igual ao quociente da massa da substância higroscópica inversa pela área inicial do corpo.

Simbolicamente o referido enunciado é expresso pela seguinte relação:

$$\Omega_0 = \frac{m_f}{A_0}$$

Considere agora que essa superfície higroscópica seja submetida a um grau qualquer de umidade diferente de zero. Evidentemente vai absorver essa umidade, como por exemplo, a madeira; logo, ficará com a massa da substância absorvida.

Logo, posso afirmar que a massa total de uma superfície higroscópica a um grau de umidade qualquer diferente de zero é igual à massa dessa superfície adicionada com a massa da substância absorvida no decorrer da umidificação.

Simbolicamente o referido enunciado é expresso pela seguinte soma:

$$M = m_f + m_s$$

Logicamente, a densidade (Ω) assumida pela superfície higroscópica, quando submetida à região úmida é igual a sua massa total, inversa pela área que apresenta no dado grau de umidade que caracteriza a região.

O referido enunciado é expresso simbolicamente pela seguinte relação:

$$\Omega = \frac{M}{A}$$

Substituindo convenientemente as duas últimas expressões resulta que:

$$\Omega = \frac{m_f + m_s}{A}$$

Resumindo os dados obtidos até o presente momento, posso escrever que:

$$- h = 0^0 L \longrightarrow \Omega_0 = \frac{m_f}{A_0}$$

$$- h \neq 0^0 L \longrightarrow \Omega = \frac{m_f + m_s}{A}$$

Portanto:

a) $\quad m_f = \Omega_0 . A_0$

b) $\quad m_f + m_s = \Omega . A$

Leandro Bertoldo
HIGROLOGIA

Substituindo convenientemente as duas últimas expressões, obtém-se:

$$\Omega_0 . A_0 + m_S = \Omega . A$$

Logo a densidade superficial será expressa por:

$$\Omega = \frac{\Omega_0 . A_0}{A} + \frac{m_S}{A}$$

Porém, demonstrei que:

$$A = A_0 . (1 + x . \Delta h^2)$$

Então substituindo convenientemente as duas últimas expressões, resulta que:

$$\Omega = [\Omega_0/(1 + x . \Delta h^2)] + [m_S/A_0 . (1 + x . \Delta h^2)]$$

Eliminando os termos em evidência, resulta que:

$$\Omega = [\Omega_0 . A_0/A_0 . (1 + x . \Delta h^2)] + [m_S/A_0 . (1 + x . \Delta h^2)]$$

Ou então:

$$\Omega = \Omega_0 . A_0 + m_S/A_0 . (1 + x . \Delta h^2)$$

No presente item demonstrei que:

$$\Omega = \frac{\Omega_0 . A_0}{A} + \frac{m_S}{A}$$

Mas a densidade superficial da substância absorvida, nada mais é, do que o quociente da referida substância inversa pela área a qual se encontra distribuída.

Simbolicamente, o referido enunciado é expresso pela seguinte relação:

$$\mu_s = \frac{m_s}{A}$$

Então substituindo convenientemente as duas últimas expressões, resulta que:

$$\Omega = \frac{\Omega_0 . A_0}{A} + \mu_s$$

Porém demonstrei que:

$$A = A_0 . (1 + x . \Delta h^2)$$

Substituindo convenientemente as duas últimas expressões, resulta que:

$$\Omega = [\Omega_0 . A_0/A_0 . (1 + x . \Delta h^2)] + \mu_s$$

Eliminando os termos em evidência, resulta que:

$$\Omega = [\Omega_0/(1 + x . \Delta h^2)] + \mu_s$$

Todas essas expressões caraterizam a densidade superficial (Ω) de um corpo higroscópico ideal.

Dessa maneira, concluí-se que à medida que a umidade aumenta de grau a densidade superficial do material higroscópio diminue na mesma proporção.

27. Relação entre Densidade Final e Inicial

Demonstrei que:

a) $h = 0$, isto implica que : $\Omega_0 = \dfrac{m_f}{A_0}$

b) $h \neq 0$, isto implica que : $\Omega = \dfrac{M}{A}$

Dividindo a relação (b) por (a); resulta:

$$\frac{\Omega}{\Omega_0} = \frac{\dfrac{M}{A}}{\dfrac{m_f}{A_0}}$$

Sabendo-se que o produto dos meios é igual ao produto dos extremos, resulta que:

$$\frac{\Omega}{\Omega_0} = \frac{M.A_0}{m_f.A}$$

Porém, demonstrei que: $M = m_f + m_s$

Substituindo convenientemente as duas últimas expressões, resulta que:

$$\Omega/\Omega_0 = (m_f + m_s) \cdot A_0/m_f \cdot A$$

$$\Omega/\Omega_0 = [(m_f + m_s)/m_f] \cdot A_0/A$$

$$\Omega/\Omega_0 = (m_f/m_f) + (m_s/m_f) \cdot (A_0/A)$$

Então vem que:

$$\Omega/\Omega_0 = (1 + (m_s/m_f)) \cdot (A_0/A)$$

Isso permite concluir que a razão entre a densidade superficial de um corpo higroscópico pela densidade superficial inicial é igual ao quociente da área inicial inversa pela área assumida pelo corpo higroscópico multiplicado pela soma da constante numérica um com a razão entre a massa da substância absorvida pela massa da superfície higroscópica.

ESTUDO DO ALONGAMENTO HIGROSCÓPICO VOLUMÉTRICO

28. Alongamento Volumétrico

O que vai fundamentar o presente item é o estudo dos alongamentos volumétricos, como por exemplo, o corpo higroscópico caracterizado pela forma geométrica de um paralelepípedo ortoedro e conseqüentemente englobando o estudo do cubo, pela generalização.

A geometria espacial permite demonstrar que o volume de um paralelepípedo ortoedro é igual ao produto entre suas três dimensões; ou seja, o volume de um paralelepípedo é igual ao produto entre a altura (l_h) entre o comprimento (l_c) e a largura (l_L) do mesmo.

O referido enunciado é expresso simbolicamente pela seguinte igualdade:

$$V = l_h . l_c . l_L$$

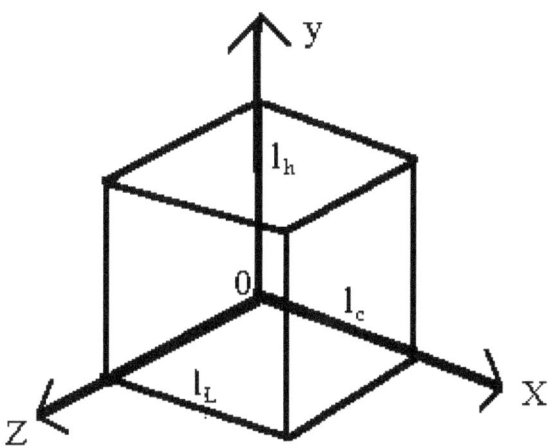

Dessa maneira, o alongamento do volume de um corpo higroscópico na forma de um paralelepípedo, somente pode ocorrer no sentido de suas três dimensões.

Considere que o corpo higroscópico em discussão, esteja submetido numa região de um determinado grau de umidade.

Analisando apenas o sentido (0Y), que corresponde à altura de um paralelepípedo higroscópico; verifica-se experimentalmente que o grau de umidade é igual a constante de higrocidade em produto com a variação de alongamento da referida aresta. Portanto, a variação de alongamento linear da altura do paralelepípedo higroscópico obedece à lei geral aqui estabelecida.

Analisando a aresta (0X), que corresponde ao comprimento da base do paralelepípedo higroscópico, nesse caso, também ocorrerá um alongamento linear cujo grau de umidade que envolve a região e a variação de alongamento resultante, obedece à lei geral.

Por outro lado, o sentido (0Z) que corresponde à largura da aresta da base, quando submetida em uma região úmida sofre também um alongamento linear.

Tendo em vista as três dimensões que influem no volume de um paralelepípedo perfeitamente higroscópico, pode-se expressar matematicamente que o grau de umidade é dado por:

A) A variação do grau de umidade é diretamente proporcional à aresta da altura.

Simbolicamente, o referido enunciado é expresso por:

$$\Delta h = \alpha_1 . \Delta l_h$$

B) A variação da umidade é igual a constante de higrocópica em produto com a variação do comprimento da aresta do cubo

O referido enunciado é expresso por:

$$\Delta h = \alpha_2 . \Delta l_c$$

C) A variação do grau de umidade é diretamente proporcional à variação do comprimento da aresta da largura.

Simbolicamente, o referido enunciado é expresso por:

$$\Delta h = \alpha_3 . \Delta l_L$$

O produto entre os três enunciados a pouco emitidos resultam que:

$$\Delta h = \alpha_1 . \Delta l_h$$
$$\Delta h = \alpha_2 . \Delta l_c$$
$$\Delta h = \alpha_3 . \Delta l_L$$
$$\Delta h^3 = \alpha_1 . \alpha_2 . \alpha_3 . \Delta l_h . \Delta l_c . \Delta l_L$$

Sabe-se que pela geometria espacial que o volume é igual ao produto das três dimensões; e, portanto a variação do volume de um paralelepípedo é igual ao produto entre a variação das três dimensões.

Portanto, a variação do volume é igual à variação da altura do paralelepípedo multiplicado pela variação do comprimento da aresta da base em produto com a variação da largura do referido paralelepípedo.

Simbolicamente, o referido enunciado é expresso por:

$$\boxed{\Delta V = \Delta l_h . \Delta l_c . \Delta l_L}$$

Dessa forma, é possível simplificar a penúltima expressão para:

$$\Delta h^3 = \alpha_1 . \alpha_2 . \alpha_3 . \Delta V$$

Por outro lado, o produto entre as três constantes de higroscópica (α_1 α_2 α_3) correspondem a uma constante generalizada (k). Pois, o produto entre três constantes simplesmente resulta em uma nova constante.

Assim, a última expressão pode ser simplificada e expressa da seguinte maneira:

$$\boxed{\Delta h^3 = K.\Delta V}$$

Isso permite concluir que o cubo da variação da umidade absorvida por um corpo higroscópico é diretamente proporcional à variação de volume.

29. Análise do Alongamento Volumétrico

Aqui, também, o alongamento higroscópico volumétrico sofre influência do volume inicial do corpo higroscópico.

E em um mesmo paralelepípedo, as três dimensões apresentam comprimentos iniciais diferentes, e por isso mesmo a constante higrocópica do material higroscópico variam com as três dimensões; ou seja:

$$\boxed{\alpha_1 \neq \alpha_2 \neq \alpha_3}$$

Dessa forma é possível verificar experimentalmente que cada uma das variações das três dimensões de um paralelepípedo qualquer, é diretamente proporcional ao seu comprimento inicial, quando imerso numa região úmida de grau constante. Ou melhor:

A) A variação da aresta correspondente à altura do paralelepípedo é diretamente proporcional ao comprimento inicial da referida aresta.

por:
Simbolicamente, o referido enunciado é expresso

$$\Delta l_h = \alpha_A . l_{0_h}$$

B) A variação do comprimento da aresta da base de um paralelepípedo é diretamente proporcional ao comprimento inicial da aresta da base do referido corpo higroscópico.

por:
O referido enunciado e expresso simbolicamente

$$\Delta l_c = \alpha_B . l_{0_B}$$

C) A variação da largura da aresta da base de um paralelepípedo é diretamente proporcional à largura inicial da aresta da base do referido corpo higroscópico.

por:
Simbolicamente, o referido enunciado é expresso

$$\Delta l_L = \alpha_C . l_{0_L}$$

O produto entre as três expressões anteriores, resultam na seguinte:

$$\Delta l_h = \alpha_A . l_{0_h}$$

$$\Delta l_c = \alpha_B . l_{0_c}$$

$$\Delta l_L = \alpha_C . l_{0_L}$$

$$\overline{\Delta l_h . \Delta l_c . \Delta l_L = \alpha_A . \alpha_B . \alpha_C . l_{0_h} . l_{0_c} . l_{0_L}}$$

Sabe-se pela geometria espacial que a variação do volume de um paralelepípedo qualquer é igual à variação das três dimensões; ou seja, a variação do volume é igual à variação da altura multiplicada pela variação do comprimento da aresta da base em produto com a variação da largura da aresta da base do referido paralelepípedo.

Simbolicamente, o referido enunciado é expresso por:

$$\Delta V = \Delta l_h . \Delta l_c . \Delta l_L$$

Substituindo convenientemente as duas últimas expressões, resulta que:

$$\Delta V = \alpha_A . \alpha_B . \alpha_C . l_{0_h} . l_{0_c} . l_{0_L}$$

Sabe-se ainda, que o volume inicial de um paralelepípedo é igual ao produto entre as suas três dimensões iniciais.

Simbolicamente, o referido enunciado é expresso por:

$$V_0 = l_{0_h} . l_{0_c} . l_{0_L}$$

Que substituído convenientemente na última expressão, resulta que:

$$\Delta V = \alpha_A . \alpha_B . \alpha_C . V_0$$

Por outro lado, o produto entre as três constantes (α_A α_B α_C), resulta numa constante genérica ou equivalente ao produto das três.

Isso permite expressar simbolicamente que:

$$\boxed{\alpha = \alpha_A . \alpha_B . \alpha_C}$$

Substituindo convenientemente o referido enunciado na última expressão, obtém-se:

$$\boxed{\Delta V = \alpha . V_0}$$

Desse modo, concluí-se que a variação do volume de um paralelepípedo higroscópico qualquer é diretamente proporcional ao volume inicial do mesmo.

Tendo em vista os resultados teóricos enunciados, pode-se afirmar categoricamente que ao imergir um corpo higroscópico volumétrico numa região úmida, ocorre aumento do comprimento de cada aresta, a área de cada face e portanto o volume do paralelepípedo higroscópico.

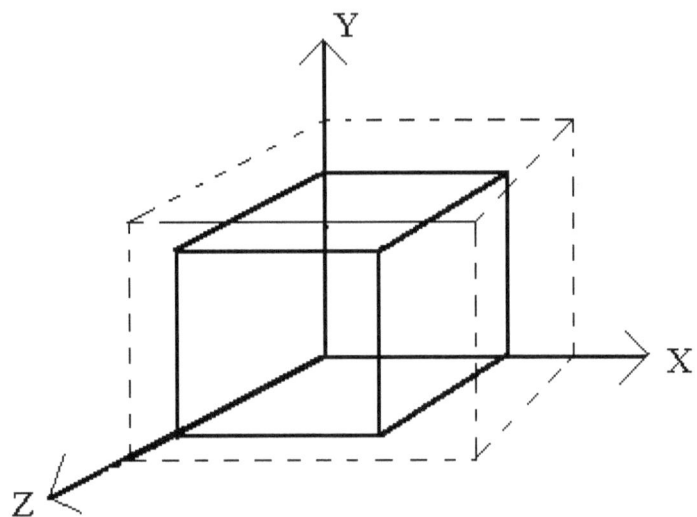

30. Equação Volumétrica

Conclui-se que o alongamento volumétrico de um corpo higroscópico segue leis idênticas ao alongamento linear, válidas quando os graus de umidades são absorvidos integralmente pelo corpo higroscópico.

Assim, generalizando os resultados observados, conclui-se que a variação do volume (ΔV) de um paralelepípedo de higroscopia ideal é diretamente proporcional ao volume inicial (V_0) em produto com o cubo da variação do grau de umidade (Δh^3).

Simbolicamente, o referido enunciado é expresso por:

$$\boxed{\Delta V = \Im . V_0 . \Delta h^3}$$

Onde ($\mathfrak{I}$) é uma constante e proporcionalidade denominada por *coeficiente de alongamento volumétrico* do volume de um corpo higroscópico.

Obviamente, a dimensão do coeficiente de alongamento volumétrico é a umidade de grau recíproco ao cubo $(°L)^{-3}$.

31. Equação do Alongamento Volumétrico

Outra expressão para o alongamento volumétrico é obtido substituindo a variação do volume (ΔV) por ($V - V_0$), sendo (V) o volume final do corpo higroscópio e (V_0) o volume inicial do mesmo na ausência de umidade.

$$V - V_0 = \mathfrak{I}.V_0.\Delta h^3 \text{; isto implica que:}$$
$$V = V_0 + \mathfrak{I}.V_0.\Delta h^3 \text{; portanto resulta que:}$$

$$V = V_0 . (1 + \mathfrak{I} . \Lambda h^3)$$

Essa é a expressão que permite obter o novo volume do sólido, a um dado grau de umidade.

32. Relação entre "i" e "$\mathfrak{I}$"

Para verificar a relação existente entre (i) e ($\mathfrak{I}$), considere um paralelepípedo, inicialmente a um grau de umidade (h = 0), de dimensões $(l_{0_1}, l_{0_2}, l_{0_3})$. Imergindo o referido paralelepípedo numa região úmida, as dimensões do novo paralelepípedo serão:

a) $\Delta l_1 = l_{0_1}.i_1.\Delta h$

b) $\Delta l_2 = l_{0_2}.i_2.\Delta h$

c) $\Delta l_3 = l_{0_3}.i_3.\Delta h$

será:
    O volume do paralelepípedo ao grau de umidade

$$\Delta V = V_0.\mathfrak{I}.\Delta h^3$$

Sabe-se pela geometria espacial que:

A) $\Delta V = \Delta l_1.\Delta l_2.\Delta l_3$

B) $V_0 = l_{01}.l_{02}.l_{03}$

$$\Delta l_1.\Delta l_2.\Delta l_3 = l_{01}.l_{02}.l_{03}.\mathfrak{I}.\Delta h^3$$

Substituindo os valores de Δl_1, Δl_2 e Δl_3, tem-se:

$$l_{0_1}.l_{0_2}.l_{0_3}.i_1.i_2.i_3.\Delta h^3 = l_{0_1}.l_{0_2}.l_{0_3}.\mathfrak{I}.\Delta h^3$$

Dividindo membro a membro, resulta que:

$$\frac{l_{0_1}.l_{0_2}.l_{0_3}.i_1.i_2.i_3.\Delta h^3}{l_{0_1}.l_{0_2}.l_{0_3}.\mathfrak{I}.\Delta h^3} = 1$$

Eliminando os termos em evidência, resulta que:

$$\frac{i_1.i_2.i_3}{\mathfrak{J}} = 1$$

Portanto conclui-se que:

$$\boxed{i_1.i_2.i_3 = \mathfrak{J}}$$

Logo o coeficiente de alongamento volumétrico é igual ao produto entre os coeficientes de alongamento linear das arestas do paralelepípedo.

33. Variação da Densidade Volumétrica com a Umidade

Considere um corpo higroscópico de massa (m) e de volume (V_0), quando o grau de umidade é nulo $0°L$.

Designando por (θ_0) (letra do alfabeto grego, teta), a densidade volumétrica nesse estado.

Assim, posso afirmar que a densidade volumétrica inicial é igual ao quociente da massa da substância higroscópica inversa pelo volume inicial do corpo higroscópico.

O referido enunciado é expresso simbolicamente pela seguinte relação:

$$\boxed{\theta_0 = \frac{m_f}{V_0}}$$

Suponha que esse mesmo corpo higroscópico seja submetido a um grau qualquer de umidade diferente de zero. Assim, ao absorver a umidade, ficará com uma massa adicional.

Logo, posso concluir que a massa total de um corpo higroscópico a um grau de umidade diferente de zero é igual à massa desse corpo adicionada com a massa da substância absorvida no decorrer da umidificação.

Simbolicamente, o referido enunciado é expresso pela seguinte igualdade.

$$\boxed{M = m_f + m_s}$$

Evidentemente, a densidade (θ) assumida pelo corpo higroscópico, quando submetido a uma região úmida é igual a sua massa total, inverso pelo volume que apresenta em um dado grau de umidade.

Simbolicamente o referido enunciado é expresso pela seguinte relação:

$$\theta = \frac{M}{V}$$

Substituindo convenientemente as duas últimas expressões, resulta que:

$$\boxed{\theta = \frac{m_f + m_s}{V}}$$

Resumindo os resultados obtidos até o presente momento, posso escrever que:

A) $h = 0° L \longrightarrow \theta_0 = \dfrac{m_f}{V_0}$

B) $h \neq 0°\,L \longrightarrow \theta = \dfrac{m_f + m_s}{V}$

Portanto:

a) $m_f = \theta_0 . V_0$

b) $m_f + m_s = \theta . V$

Substituindo convenientemente as duas últimas expressões, resulta que:

$$\theta_0 . V_0 + m_s = \theta . V$$

Logo a densidade volumétrica será expressa por:

$$\theta = \frac{\theta_0 . V_0}{V} + \frac{m_s}{V}$$

Porém demonstrei que:

$$V = V_0 . (1 + \Im . \Delta h^3)$$

Substituindo convenientemente as duas últimas expressões, resulta que:

$$\theta = \theta_0 . V_0 / [V_0 . (1 + \Im . \Delta h^3)] + m_s / [V_0 . (1 + \Im . \Delta h^3)]$$

Eliminando os termos em evidência, resulta que:

$$\theta = \theta_0/(1 + \Im \cdot \Delta h^3) + m_s/[V_0 \cdot (1 + \Im \cdot \Delta h^3)]$$

Ou então:

$$\theta = \theta_0 \cdot A_0 + m_s/[V_0 \cdot (1 + \Im \cdot \Delta h^3)]$$

No presente ítem demonstrei que:

$$\boxed{\theta = \frac{\theta_0 \cdot A_0}{V} + \frac{m_s}{V}}$$

Mas, a densidade volumétrica da substância umedecedora, nada mais é, do que o quociente da massa da referida substância inversa pelo volume a qual se encontra distribuída.

Simbolicamente o referido enunciado é expresso pela seguinte relação:

$$\theta_s = \frac{m_s}{V}$$

Então, substituindo convenientemente as duas últimas expressões, obtém-se que:

$$\boxed{\theta = \frac{\theta_0 \cdot V_0}{V} + \theta_s}$$

Porém demonstrei que:

$$V = V_0 \cdot (1 + \Im \cdot \Delta h^3)$$

Substituindo convenientemente as duas últimas expressões, resulta que:

$$\theta = \{\theta_0 \cdot V_0/[V_0 \cdot (1 + \mathfrak{I} \cdot \Delta h^3)]\} + \theta_s$$

Eliminando os termos em evidência, resulta que:

$$\theta = [\theta_0/(1 + \mathfrak{I} \cdot \Delta h^3)] + \theta_s$$

Todas essas expressões caracterizam a densidade volumétrica de um corpo higroscópico ideal.

Dessa maneira, conclui-se que à medida que a umidade aumenta de grau, a densidade volumétrica do material higroscópico diminue na mesma proporção de acordo com a equação.

O termo $(1 + \mathfrak{I} \cdot \Delta h^3)$ é denominado por *binômio de alongamento volumétrico*.

34. Relação entre Densidade Final e Inicial

Demonstrei que:

A) $h = 0$; isto implica que : $\theta_0 = \dfrac{m_f}{V_0}$

B) $h \neq 0$; isto implica que : $\theta = \dfrac{M}{V}$

Dividindo a relação (B) por (A).

$$\frac{\theta}{\theta_0} = \frac{\dfrac{M}{V}}{\dfrac{m_f}{V_0}}$$

Sabe-se que os produtos dos meios são iguais aos produtos dos extremos; então, resulta que:

$$\frac{\theta}{\theta_0} = \frac{M.V_0}{m_f.V}$$

Mas demonstrei que:

$$M = m_f + m_s$$

Substituindo convenientemente as duas últimas expressões, resulta que:

$$\theta/\theta_0 = [(m_f + m_s).V_0]/(m_f.V)$$

$$\theta/\theta_0 = [(m_f + m_s)/m_f].(V_0/V)$$

$$\theta/\theta_0 = (m_f/m_f) + (m_s/m_f).(V_0/V)$$

Então, vem que:

$$\theta/\theta_0 = (V_0/V).[1 + (m_s/m_f)]$$

Essa é a expressão que caracteriza a densidade final e inicial.

Leandro Bertoldo
HIGROLOGIA

Isso me permite afirmar que a relação existente entre a densidade final e inicial é igual à relação existente entre o volume final e inicial adicionado com o quociente da massa da substância umedecedora em produto com o volume inicial e inverso pela massa da substância higroscópica em produto com a chamada densidade final.

35. Relação entre os Coeficientes i, x e $\mathfrak{I}$

Considere um retângulo, inicialmente a um grau de umidade (h_0), de dimensões (l_{0A}), e (l_{0B}).

Submetido a um grau de umidade h diferente de zero e admitindo-o isótropo, as dimensões do novo retângulo serão:

a) $l_A = l_{0A} . (1 + i . \Delta h)$
b) $l_B = l_{0B} . (1 + i . \Delta h)$

A área do retângulo, ao grau de umidade (h), será:

$$A = A_0 . (1 + x . \Delta h^2)$$

Sabe-se que:

a) $A = l_A . l_B$

b) $A_0 = l_{0A} . l_{0B}$

Posso então escrever:

$$l_A . l_B = l_{0A} . l_{0B} . (1 + x . \Delta h^2)$$

$$\text{Mas: } l_A \cdot l_B = l_{0A} \cdot l_{0B} \cdot (1 + \alpha \cdot \Delta h)^2$$

$$l_{0A} \cdot l_{0B} \cdot (1 + \alpha \cdot \Delta h)^2 = l_{0A} \cdot l_{0B} \cdot (1 + x \cdot \Delta h^2)$$

Eliminando os termos em evidência, resulta que:

$$(1 + \alpha \cdot \Delta h)^2 = (1 + x \cdot \Delta h^2)$$

$$1 + 2\alpha \cdot \Delta h + \alpha^2 \cdot \Delta h^2 = 1 + x \cdot \Delta h^2$$

$$2\alpha \cdot \Delta h + \alpha^2 \cdot \Delta h^2 = x \cdot \Delta h^2$$

Dividindo membro a membro por Δh^2, resulta que:

$$\frac{2\alpha \cdot \Delta h}{\Delta h^2} + \frac{\alpha^2 \cdot \Delta h^2}{\Delta h^2} = \frac{X \cdot \Delta h^2}{\Delta h^2}$$

Eliminando os termos em evidência, vem que:

$$\frac{2\alpha}{\Delta h} + \alpha^2 = X$$

Isolando convenientemente o termo (α), vem que:

$$x = \alpha^2 \cdot (2/\alpha \cdot \Delta h) + 1$$

Essa é a expressão que traduz a relação existente entre o coeficiente de alongamento linear e superficial.

Considere agora um cubo, inicialmente a um grau de umidade (h_0), de aresta (l_{0A}). Elevando a uma umidade (h) e supondo-se que sua forma permaneça inalterada, a aresta será:

$$l = l_0 . (1 + i . \Delta h)$$

Elevando ao cubo, tem-se:

$$l^3 = l^3_0 . (1 + i . \Delta h)^3$$

Como o volume do cubo, ao grau de umidade (h), é dado por (l^3), resulta que:

$$V = l^3 = l^3_0 . (1 + i . \Delta h)^3$$

Porém, o volume inicial (V_0), é expresso por ($l_0{}^3$); então resulta que:

$$V = V_0 . (1 + i . \Delta h)^3$$

Por outro lado, posso calcular o volume (V) através da expressão:

$$V = V_0 . (1 + \mathfrak{I} . \Delta h^3)$$

Comparando as duas últimas expressões, obtém-se:

$$V_0 . (1 + \mathfrak{I} . \Delta h^3) = V_0 . (1 + i . \Delta h)^3$$

Eliminando os termos em evidência, resulta que:

$$(1 + \mathfrak{I} . \Delta h^3) = (1 + i . \Delta h)^3$$

$$1 + \mathfrak{I}.\Delta h^3 = 1 + 3i.\Delta h + 3.i^2.\Delta h^2 + i^3.\Delta h^3$$

Leandro Bertoldo
HIGROLOGIA

Eliminando novamente os termos em evidência, resulta que:

$$\Im.\Delta h^3 = 3.i.\Delta h + 3.i^2.\Delta h^2 + i^3.\Delta h^3$$

Dividindo ambos os membros pelo cubo da variação da umidade, resulta que:

$$\frac{\Im.\Delta h^3}{\Delta h^3} = \frac{3.i.\Delta h}{\Delta h^3} + \frac{3.i^2.\Delta h^2}{\Delta h^3} + \frac{i^3.\Delta h^3}{\Delta h^3}$$

Eliminando os termos em evidência, resulta que:

$$\Im = \frac{3.i}{\Delta h^2} + \frac{3.i^2}{\Delta h} + i^3$$

Dividindo membro a membro por i³, resulta que:

$$\frac{\Im}{i^3} = \frac{3}{\Delta h^3.i^2} + \frac{3}{\Delta h.i} + 1$$

Isolando convenientemente a constante numérica três, vem:

$$\Im/i^3 = [3 . (1/\Delta h^2 . i^2) + (1/\Delta h . i)] + 1$$

Isolando convenientemente o termo ($\Delta h . i$); resulta que:

$$\Im/i^3 = \{[3/\Delta h . i) . (1/\Delta h) + 1] + 1\}$$

Leandro Bertoldo
HIGROLOGIA

É muito interessante observar que a referida equação conduz a um resultado muito interessante.

Leandro Bertoldo
HIGROLOGIA

5. Gráficos

1. Introdução

O alongamento analisado analiticamente é uma importantíssima parte da higrologia em virtude de sua ampla aplicabilidade em fenômenos higrológicos.

O alongamento analítico dedica-se ao estudo da higrologia e dos fenômenos dos alongamentos sempre fundamentados dentro do sistema geométrico cartesiano. Dessa forma, procuro construir os gráficos dos alongamentos e dos graus de umidade que provocam o aparecimento dos referidos alongamentos.

2. Introdução Gráfica

Os mais distintos fenômenos físicos são descritos graficamente, e logicamente, a higrologia científica não constitui uma exceção.

Analisando particularmente os fenômenos higrológicos, posso afirmar que existem grandezas higroscópicas que se relacionam e variam segundo determinadas funções. E no caso exclusivo de um alongamento higroscópico (l), este varia em função do grau de umidade h que envolve o corpo higroscópico. A maneira mais elementar de representar essa função no presente tratado é através da seguinte expressão analítica l = f(h). E a apresentação para a função l = f(h) implica na construção de um gráfico, que relaciona as variáveis (l) e o grau de umidade (h).

Toda e qualquer construção gráfica realizada com duas variáveis são feitas no chamado *plano cartesiano*, que engrega um ramo da matemática denominada por *geometria analítica*.

O plano cartesiano é um plano constituído por dois eixos (x) e (y) perpendiculares entre si, que se interceptam em um ponto de origem. A um ponto qualquer, associa-se um par de ordenadas (x, y) de números reais, denominado por coordenadas do ponto (p). A coordenada (x) é chamada por abscissa do ponto (p) e a coordenada (y) é chamada ordenada do ponto (p).

Em higrologia as coordenadas (x) e (y) são diretamente substituidas pelas variáveis do fenômeno físico em estudo.

3. Classificação Algébrica do Alongamento Linear

O alongamento linear é sempre positivo; pois é a diferença entre o alongamento total pelo alongamento inicial (l_0); como ($l > l_0$), então se pode concluir que o alongamento linear em particular é positivo; eventualmente o alongamento pode ser nulo, quando o corpo higroscópico retorna ao seu estado inicial ($l = l_0$). Posso afirmar que o sinal da variação do alongamento Δl determina o sinal do índice de higrocidade que o corpo higroscópico apresenta.

Dessa maneira conclui-se que: "Um grau de higrocidade positivo ($\Psi > 0$) indica que o comprimento do corpo higroscópico cresce algebricamente no decorrer do processamento do alongamento que também será expressa por um valor maior do que zero ($\Delta l > 0$). Nessas condições tem-se o chamado alongamento linear".

4. Gráfico do Alongamento Linear

Torno a repetir que os mais distintos fenômenos físicos podem ser descritos graficamente, o que em elasticidade constitui o alongamento analítico.

O alongamento analítico somente tornou-se possível porque os fenômenos físicos higrológicos apresentam grandezas que se relacionam e variam segundo determinadas funções. No caso particular da higrocidade, a variação do alongamento (Δl) de um corpo higroscópico varia em função do grau de umidade (Δh). Uma forma simples para indicar essa função é a tabela; outra forma é procurar a expressão analítica Δl = f(Δh). Outra apresentação para a função Δl = f(Δh) é a construção de um gráfico, que relaciona as variáveis (Δl) e umidade (Δh).

No caso dos alongamentos lineares, a função matemática do alongamento é dada por:

$$\boxed{l = l_0 + \psi . \Delta h, \ \psi \neq 0}$$

A função do comprimento do corpo higroscópico é uma função do primeiro grau em Δh. Graficamente é uma reta inclinada em relação ao eixo dos graus de umidades.

A função é crescente quando o grau de umidade for positivo; ou seja, maior do que zero ($\Psi > 0$). Então, no caso descrito a referida função apresenta a seguinte curva:

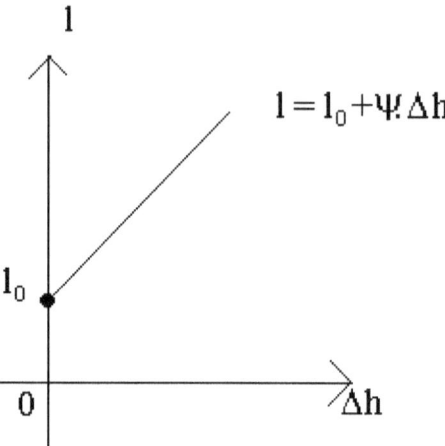

$$l = l_0 + \Psi . \Delta h$$

O comprimento inicial (l_0) do corpo higroscópico corresponde à ordenada do ponto onde a reta corta o eixo (l). Nesse caso tem-se o alongamento linear.

5. Gráficos do Índice de Higrocidade no Alongamento Linear

O índice de higrocidade de um corpo higroscópico é uma função constante.

$$\boxed{\Psi = cte}$$

Graficamente é uma reta paralela ao eixo das umidades. Essa reta e acima do eixo (Δh), porque o índice de higrocidade é maior do que zero ($\Psi > 0$). E o gráfico resultante é o seguinte:

Leandro Bertoldo
HIGROLOGIA

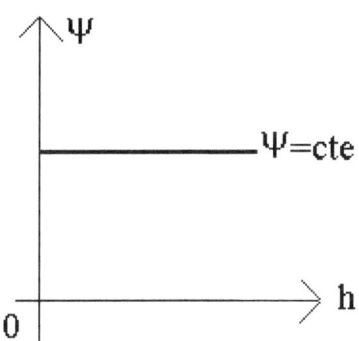

6. Coeficiente Angular da Reta

Na função do primeiro grau $l = l_0 + \psi . \Delta h$, o número real ($\Psi$) é analiticamente denominado por coeficiente angular ou declive da reta representada no plano cartesiano. O coeficiente angular (Ψ) está associado ao ângulo (θ) da direção da reta com o eixo das umidades Δh, como o que indica no seguinte gráfico.

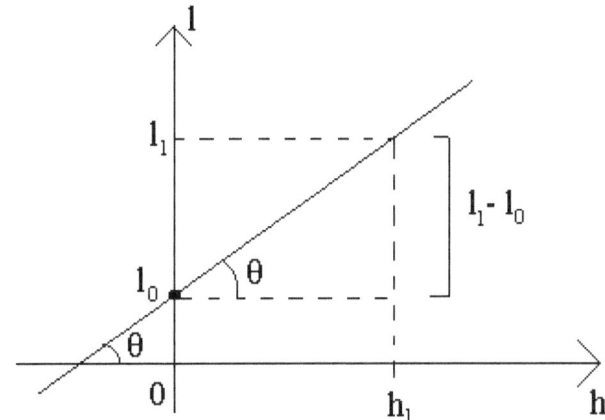

Sejam l_1 e h_1 valores particulares correspondentes. Em $\mathbf{l} = \mathbf{l_0} + \psi.\Delta\mathbf{h}$.

$$\mathbf{l_1} = \mathbf{l_0} + \psi.\mathbf{h_1}$$
$$\mathbf{l_1} - \mathbf{l_0} = \psi.\mathbf{h_1}\,;\ \text{ou então:}$$

$$\psi = \frac{\mathbf{l_1} - \mathbf{l_0}}{\mathbf{h_1}}$$

A razão acima referida é a medida da tangente trigonométrica do ângulo (θ); pois no seguinte triângulo, ABC, a tangente trigonométrica do ângulo (θ) é a seguinte razão:

$$\mathbf{tg\theta} = \frac{\text{cateto oposto } \theta}{\text{cateto adjacente } \theta}$$

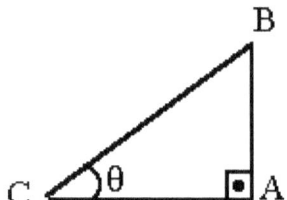

Se $\overline{\mathbf{AB}}$ é a medida algébrica do cateto oposto a (θ) e $\overline{\mathbf{CA}}$ é a medida do cateto adjacente a θ, a tangente de θ é:

$$\boxed{\mathbf{tg\theta} = \frac{\overline{\mathbf{AB}}}{\overline{\mathbf{CA}}}}$$

As propriedades resultantes implicam:

a) $0 < \theta < 90°$ isto implica que **tg$\theta > 0$**

b) $90° < \theta < 180°$ isto implica que **tg$\theta < 0$**

c) $\theta + \beta = 180°$ isto implica que **tg$\theta = -$tgβ**

Então pretendendo representar graficamente o comprimento assumido por um corpo higroscópico qualquer. Tal comprimento tem como equação $l = l_0 + \psi.\Delta h$; esta caracteriza uma equação do primeiro grau ou equação linear, do tipo ($y = a + b$. x), que apresenta como gráfico uma reta. Adotarei então, os eixos cartesianos (x) e (y), tomando em seus lugares, respectivamente, (h) e (l).

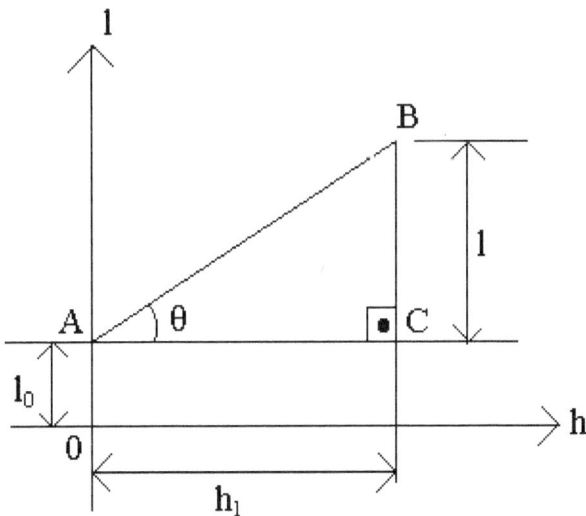

Considerando o triângulo retângulo ABC, tem-se:

$$tg\theta = \frac{\overline{BC}}{\overline{AC}} \overset{N}{=} \frac{l_1 - l_0}{h_1} = \psi \text{, portanto resulta que:}$$

$$\boxed{tg\theta \overset{N}{=} \psi}$$

Logo resulta que a tangente trigonométrica do ângulo definido entre a reta dos comprimentos e o eixo dos graus de umidade, fornece numericamente o índice de higrocidade do corpo higroscópico.

Então aplicando as propriedades trigonométricas, pode-se concluir que: um alongamento linear com índice de higrocidade maior que zero ($\Psi > 0$) implica que $0 < \theta < 90°$.

Se a função $l = l_0 + \psi . \Delta h$ é crescente, como o indicado nas seguintes figuras:

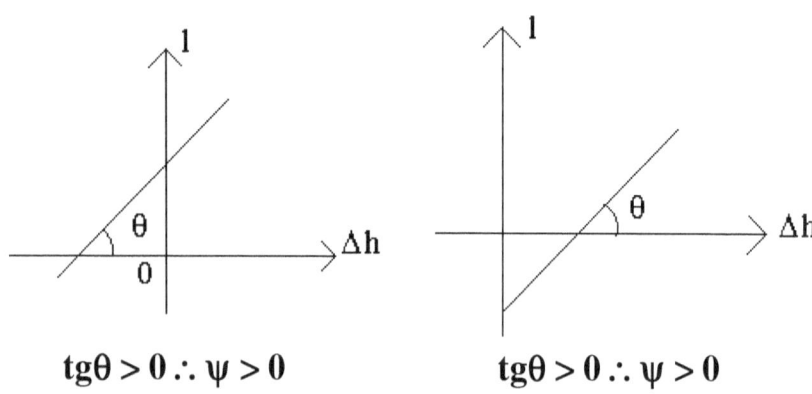

$$tg\theta > 0 \therefore \psi > 0 \qquad\qquad tg\theta > 0 \therefore \psi > 0$$

Então, nesse caso o índice de higrocidade do corpo higroscópico é sempre positivo e conseqüentemente a tangente do ângulo também será positivo.

7. Áreas

No alongamento higroscópico linear, o índice de higrocidade do corpo higroscópico é uma função constante com o grau de umidade que envolve o referido corpo, como o indicado no seguinte gráfico:

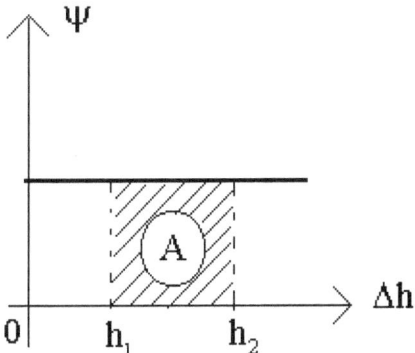

Nessa figura, o número que mede a área A é igual ao número que mede o alongamento (Δl) que resulta de um corpo higroscópico no grau de umidade compreendida no intervalo (h_1 e) e (h_2).

Tenho denominado por *diagrama dos índices de higrocidade* o gráfico que representa o índice de higrocidade do corpo higroscópico em cada grau de umidade. E como esse índice de higrocidade se mantém constante durante todo o processamento do alongamento, o gráfico representativo será evidentemente dado por uma reta paralela ao eixo dos graus de umidade.

Observe então, no próximo gráfico o retângulo definido pelos pontos (0, ABC).

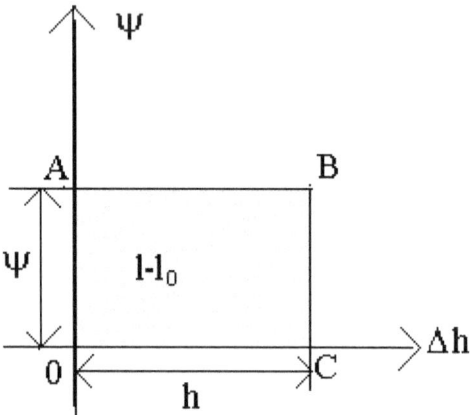

Sabe-se pela geometria plana que a área de um retângulo é igual a base multiplicada pela altura do mesmo. Portanto:

$$\text{Área} = (OC) \cdot (BC) = \Delta h \cdot \Psi = \Psi \cdot \Delta h$$

Relembrando que a equação do alongamento linear é a seguinte:

$$l = l_0 + \psi \cdot \Delta h \; ; \text{ isto implica que:}$$
$$l - l_0 = \psi \cdot \Delta h$$

Isto permite concluir que a área do retângulo fornece numericamente a variação do alongamento de um corpo higroscópico. Essa propriedade é válida em qualquer tipo de alongamento higroscópico. Na última figura, no diagrama do índice de higrocidade em função do grau de umidade, a área (A) da região delimitada pela curva e o eixo das abscissas é numericamente igual ao alongamento que resulta do corpo higroscópico nesse grau de umidade.

Esse enunciado é expresso simbolicamente pela seguinte igualdade:

$$\Delta l \overset{N}{=} A$$

Ou melhor, a área sobreada é numericamente igual à variação do alongamento que um corpo higroscópico sofre no grau de umidade considerado.

Assim, por conclusão, sempre que se almejar obter o alongamento resultante em um corpo higroscópico, bastará simplesmente calcular a área do retângulo, cuja base representa o intervalo do grau de umidade considerado e cuja altura A representa o índice de higrocidade do corpo higroscópico em debate.

Leandro Bertoldo
HIGROLOGIA

6. Índice de Higrocidade

1. Introdução

No presente capítulo procuro postular as leis do índice de higrocidade, procurando demonstrar as mais distintas características que influem na higrocidade de um dado material higroscópico.

2. Sistema Higroscópico

Denominei por *sistema higroscópico* o conjunto de corpos higroscópicos, onde se pode estabelecer o efeito a ação da umidade.

Considere que, ao imergir, um ou vários corpos higroscópicos, em uma região úmida, os efeitos assumidos por esses corpos, permite verificar a ação do grau de umidade que influi.

Dessa forma, conforme afirmei anteriormente, um sistema higroscópico é constituído pela interligação de vários bipolos higroscópicos. Os sistemas higroscópicos mais comuns compõem-se essencialmente de três elementos distintos, a saber:

A) Um dado grau de umidade;
B) Um corpo higroscópico de características ideais;
C) Fios não higroscópicos de ligação.

Esses *fios não higroscópicos de ligação* são geralmente fios de cobre; e, nos corpos higroscópicos, como por exemplo, um fio de cabelo, os fios de ligação correspondem às ligações nos extremos dos terminais dos referidos corpos.

3. Bipolos

Todos os sistemas higroscópicos são compostos por um conjunto de elementos fundamentais, que chamo por *corpo higroscópico* ou *bipolos* (o nome "bipolo" deriva do fato de apresentarem dois terminais, ou como se queira, dois extremos, pelos quais são inseridos no sistema).

4. Higrocidade

Nos corpos higroscópicos, em geral, a ação de um grau de umidade provoca o efeito do alongamento.

Esse alongamento é tanto maior, quanto maior for a higrocidade do corpo higroscópico. Evidentemente, essa higrocidade depende de vários fatores que "constituem" o corpo higroscópico e de uma série de fatores de caráter externo que "influem" o mesmo corpo higroscópico.

Considere um grau de umidade no qual se encontra imerso um corpo higroscópico qualquer. É extremamente fácil compreender a existência da necessidade da ação de um grau de umidade para manter o alongamento, indica que o corpo higroscópico oferece certa oposição ao alongamento. Essa dificuldade em provocar um alongamento maior ou menor com um mesmo grau de umidade é de maneira geral, denominada por higrocidade do corpo higroscópico.

5. Corpos Higroscópicos

Denomino por *corpo higroscópico*, qualquer material que sob a ação da umidade sofre um alongamento. No presente capítulo o corpo higroscópico em discussão, é aquele cuja higrocidade é ideal e, portanto o efeito da umidade absorvida corresponde exclusivamente em alongamento. E na ausência do grau de umidade, o corpo higroscópico restitui-se do seu estado natural de equilíbrio.

Dentro de certo limite são exemplos de corpos higroscópicos ideais:

a) fios de cabelo;
b) fios higroscópicos de origem mineral ou vegetal.

Um grau de umidade pode modificar as dimensões e as formas de um corpo higroscópico. Resultam-se alongamentos que dependem dos graus de umidades absorvidas.

Os alongamentos são higroscópicos quando os graus de umidade forem nulos, o corpo higroscópico restitui-se ao seu estado primitivo. Os alongamentos são permanentes quando a forma ou o volume adquirido pelo corpo higroscópico persistem, mesmo com o desaparecimento da ação da umidade.

Com certa freqüência, verifica-se que a maior parte dos materiais higroscópicos existentes na natureza, apresenta dentro de certos conceitos um alongamento ideal. Ou melhor, na natureza dos corpos higroscópicos podem sofrer alongamentos permanentes. Porém, estes dependem fundamentalmente da natureza do corpo higroscópico. Por exemplo, o referido limite varia consideravelmente de um corpo para outro. Conclui-se, então, que os alongamentos higroscópicos são perfeitamente caracterizados pelo campo que corresponde ao limite de higrocidade e é representado pelo valor máximo do grau de umidade que pode suportar antes de sofrer um saturamento higroscópico.

Conhecido os postulados e os fenômenos descritos até o presente momento do estágio de evolução deste tratado. Neste capítulo em especial, passarei a estabelecer algumas relações fundamentais da higrocidade. Essas relações são as chamadas *leis da higrocidade* e versam sobre os mais distintos fatores que influem nos alongamentos registrados.

Registrando-se então os alongamentos que resultam de um corpo higroscópico, sobre o eixo vertical de um sistema de coordenadas e os correspondentes graus de umidades no eixo horizontal. Então, a curva resultante é indicada pelo seguinte gráfico:

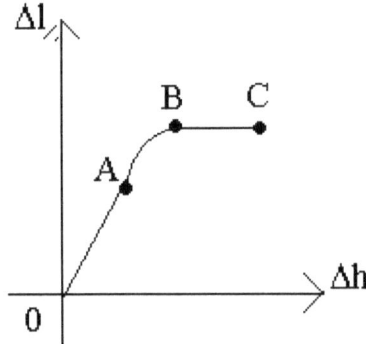

O referido gráfico vem a mostrar o alongamento de um corpo higroscópico, que apresenta genericamente as seguintes características:

a) A primeira parte da curva, que está compreendida no intervalo "0" para "A" ($\overline{0A}$), é uma linha reta; evidentemente nesta região existe uma relação linear entre o alongamento e o grau de umidade que envolve o corpo higroscópico nos respectivos intervalos de alongamentos. Se o alongamento não exceder o correspondente ponto "A", o corpo higroscópico é dito ideal. Em outros termos eu digo que a porção da curva $\overline{0A}$ compreende a região de higrocidade ideal.

b) A partir do ponto A os pontos que se seguem deixam de estar na linha $\overline{0A}$ e constituem uma pequena curva até o ponto B. No intervalo $\overline{AB}\cdot$, os alongamentos resultantes são alineares. Dessa maneira costumo afirmar que o ponto "A" define assim o limite de higrocidade do corpo higroscópico.

c) Finalmente, quando o alongamento aumente suficientemente, registrar-se-á o saturamento do corpo higroscópico. Ou, em outros termos, a região "B" em diante é a fronteira que corresponde ao coeficiente de saturamento. Nesse ponto a umidade pode aumentar o quanto for que o corpo higroscópico não sofrerá nenhum alongamento a mais.

No presente tratado, dedicarei o meu estudo na região que compreende o alongamento higroscópico ideal; deixando a região de saturamento para um estudo posterior.

6. Limite de Higrocidade

O limite de higrocidade de um corpo higroscópico é definido do seguinte modo:
"O limite de higrocidade é o maior alongamento que um corpo higroscópico pode apresentar sem se aproximar da região limite de saturamento higroscópico".

7. Primeira Lei para o Índice de Higrocidade

Qualitativamente o índice de higrocidade de um corpo higroscópico é caracterizado pelo maior ou menor alongamento que esse corpo apresenta ao ser imerso numa região com um dado grau de umidade. Assim, um corpo higroscópico ao ser imerso numa região úmida a um determinado grau, o alongamento resultante será tanto maior quanto maior for o índice de higrocidade desse corpo.

Considere, então, um corpo higroscópico perfeitamente ideal, mantendo o comprimento inicial (l_0) constante, ao ser imerso numa região de umidade (h), ocorre o aparecimento de um alongamento (Δl) entre seus terminais.

Procedendo-se da mesma forma com outro corpo higroscópico distinto, verificar-se-á que este sofre um maior ou menor alongamento em relação ao primeiro. Ou seja, os corpos higroscópicos apresentam uma higrocidade. A grandeza que mede a higrocidade dos corpos higroscópicos é denominada índice de higrocidade.

A primeira Lei para Índice de Higrocidade relaciona a variação do alongamento de um corpo higroscópico com o grau de umidade que envolve o referido corpo.

Mudando-se o grau de umidade, sucessivamente, para (Δh_1; Δh_2;...; Δh_{n-1}); (Δh_n) um corpo higroscópico passa a sofrer respectivamente um alongamento (Δl_1; Δl_2;...; Δl_{n-1}; Δl_n).

Pude verificar experimentalmente que, o quociente entre a variação do alongamento (Δl), inversa pelo respectivo grau de umidade (Δh) é uma constante característica do corpo higroscópico considerado:

$$\frac{\Delta l}{\Delta h} = \frac{\Delta l_1}{\Delta h_1} = \frac{\Delta l_2}{\Delta h_2} = \ldots = \frac{\Delta l_{n-1}}{\Delta h_{n-1}} = \frac{\Delta l_n}{\Delta h_n} = cons\tan te = K$$

Dessa maneira, quantitativamente, o índice de higrocidade é definido como a relação entre a variação de alongamento resultante entre as extremidades do corpo higroscópico e o grau de umidade que o envolve. Representando-se por (Ψ) o índice de higrocidade, por (Δl), o alongamento resultante e por (Δh) o grau de umidade, tem-se de acordo com a definição acima:

$$\boxed{\Psi = \frac{\Delta l}{\Delta h}}$$

Assim, para determinar o índice de higrocidade, tomados a um corpo higroscópico constante, o quociente entre variação do alongamento e o respectivo grau de umidade é absolutamente constante.

$\Delta l . \Delta h^{-1}$ = constante de proporção direta entre (Δl) e (Δh) é caracterizada por (Ψ), denominado por índice de higrocidade.

Dessa forma, a grandeza (Ψ), assim introduzida, foi denominada por índice de higrocidade do corpo higroscópico. O índice de higrocidade não depende do grau de umidade que envolve o corpo higroscópico e nem do alongamento que ele possa apresentar; ele depende das características internas e externas que influem diretamente em sua higrocidade.

De um modo generalizado, tem-se:

$$\Psi = \Delta l / \Delta h \qquad \Delta l = \Psi . \Delta h \qquad \Delta h = \Delta l / \Psi$$

O índice de higrocidade mede a higrocidade de um corpo higroscópico, ele é tanto maior quanto for o alongamento e menor quanto maior for o grau de umidade.

As expressões matemáticas vistas a pouco simbolizam a primeira lei para o índice de higrocidade, que relaciona o alongamento apresentado por um corpo higroscópico com a ação da umidade, podendo, assim, ser enunciada:

"Desde que seja mantida constante a temperatura, o quociente, entre a variação do alongamento (Δl) resultante nos terminais de um corpo higroscópico, inverso pelo grau de umidade que envolve o corpo higroscópico, é absolutamente constante e igual ao índice de higrocidade do referido corpo".

8. Classificação Geral dos Corpos Higroscópicos

A caracterização dos corpos higroscópicos são as seguintes:

a) *Elemento higroscópico linear*
É o corpo higroscópico que obedece às leis da higrologia, e, portanto, possui índice de higrocidade uniforme.

b) *Elemento higroscópico alinear*
É o corpo higroscópico que não obedece às leis totais da higrocidade.

9. Unidade do Índice de Higrocidade

O índice de higrocidade de um corpo higroscópico pode ser medido com grande precisão.

Para medir uma grandeza qualquer, a primeira coisa a fazer é escolher uma unidade de medida.

Espero que no "Sistema Internacional de Unidades", a unidade do índice de higrocidade seja definida como sendo o quociente da unidade de comprimento, inversa pela unidade de umidade.

Simbolicamente, o referido enunciado é expresso por:

Unidade de Indice de Igrocidade U (Ψ)
Unidade de Comprimento U (l)
Unidade de Umidade U (h)

$$U (\Psi) = U (l)/U (h)$$

Assim, no sistema:

a) **MKS** o índice de higrocidade apresenta como unidade o metro por grau higro.

b) **CGS** o índice de higrocidade apresenta como unidade o centímetro por grau higro.

Existem instrumentos que desenvolvi especialmente para a higrologia, que podem medir diretamente o índice de higrocidade dos corpos higroscópico: esses instrumentos chama-se genericamente leangrômetro. Entretanto, o índice de higrocidade de um corpo higroscópico pode também ser determinado pelo cálculo, como será observado oportunamente.

10. Representação Gráfica

No caso dos corpos higroscópicos, considero absolutamente importante:

A) Representação esquemática

B) Representação gráfica

A - REPRESENTAÇÃO ESQUEMÁTICA

Os mais diferentes sistemas higroscópicos podem ser representados graficamente por meio de desenhos em perspectiva ou por meio de esquemas.

Trata-se apenas de um símbolo convencional para o reconhecimento do corpo higroscópico dentro do esquema de um sistema higroscópico.

O corpo higroscópico é representado pelo seguinte símbolo, colocando-se, ao lado, o valor de seu índice de higrocidade.

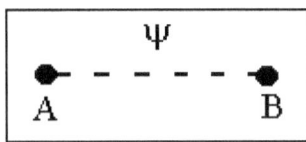

Quando o índice de higrocidade é muito pequeno; ou seja, nos casos em que o índice de higrocidade é desprezível ou nulo como nos fios rígidos, que servem de ligação dos elementos ao sistema higroscópico, são representados por uma linha contínua. De acordo com o esquema indicado na seguinte figura:

Nestas condições, os fios inalongáveis são denominados simplesmente por "corpos não higroscópicos", e como mostro, sua única finalidade é ligar os elementos do sistema higroscópico. Dessa maneira, pode-se concluir que nos corpos não higroscópicos, o efeito higrológico é nulo ou desprezível.

B - REPRESENTAÇÃO GRÁFICA

B.1- Introdução

No presente índice procuro analisar graficamente a variação do alongamento que ocorre entre os terminais de um corpo higroscópico, em função do grau de umidade que o envolve.

Estes gráficos apresentam uma curva que é classificada por curva característica dos corpos higroscópicos perfeitamente higrológicos, são muito úteis e importantes na prática. Pois, a curva característica dos corpos higroscópicos pode ser construída a partir de dados experimentais.

B.2- Considerações iniciais

A variação do alongamento resultante nos terminais de um corpo higroscópico, em função do grau de umidade que o envolve, pode ser exprimida através da *forma analítica* ou por intermédio da *forma gráfica*. Na forma analítica ela é a equação que corresponde à característica do corpo higroscópico, já observada e estudada nos parágrafos anteriores. E a forma gráfica dessa equação é uma curva denominada por *característica do corpo higroscópico*.

B.3- *Características dos corpos higroscópicos lineares e alineares*
A primeira lei para a higrocidade dos corpos é considerada como a equação de um corpo higroscópico de índice de higrocidade (Ψ):

$$\Delta l = \psi . \Delta h$$

Para um corpo higroscópico o índice de higrocidade; um gráfico da variação do alongamento em função do grau de umidade (h) mostra uma reta, o que vem a justificar a própria denominação de "linear". Pois, de acordo com o conceito, uma função linear entre duas variáveis (x) e (y) é a expressão (y = k. x), onde a letra (k) representa uma constante de proporcionalidade. O gráfico da referida função é uma reta que passa pela origem e cujo coeficiente angular é o valor de (k).

Portanto, neste caso tem-se uma função linear entre a variação do alongamento e o grau de umidade (y = Δl; x = h e k = Ψ) e, por esse motivo, um corpo higroscópico é também denominado por *corpo higroscópico linear*.

O seguinte gráfico, cuja variação do alongamento (Δl) em função do grau de umidade (h) que provoca o aparecimento do referido alongamento é uma reta que passa pela origem do gráfico, constituindo, assim, a característica de um corpo higroscópico ideal. Isto é, a característica de um corpo higroscópico de tal natureza é sempre um segmento de reta, passando pela origem do gráfico. Dessa forma, para esses corpos higroscópicos, quando o grau de umidade for nulo, (h = 0) não ocorrerá alongamento nesse corpo ($\Delta l = 0$). Sempre que a característica de um corpo higroscópico passar pela origem, esse corpo é denominado genericamente por *corpo higroscópico passivo*. Os alongamentos higroscópicos, em geral, resultam de corpos higroscópicos passivos. Esses corpos, além de passivos são lineares.

Existem corpos higroscópicos e alongamentos cuja característica não passa pela origem. Serão aqueles alongamentos e corpos higroscópicos que chamo de ativos.

Na curva característica de um corpo higroscópico, indicada no gráfico que se segue, passarei a calcular a (tgα) onde (α) é o ângulo assinalado.

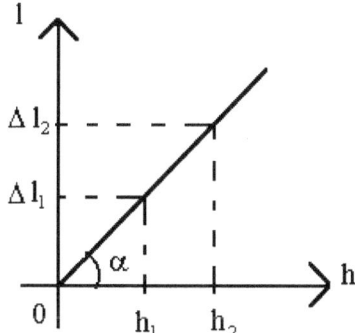

Neste gráfico verifica-se que o coeficiente angular da reta é numericamente igual ao valor do índice de higrocidade do corpo higroscópico.

$$\psi = \frac{\Delta l}{\Delta h}^{N} = tg\alpha$$

Observe que esta conclusão pode ser generalizada; ou melhor, na curva característica de um corpo higroscópico.

$$\psi = \text{tg}\alpha^{\text{N}}$$

Na prática, um corpo higroscópico se comporta como tal apenas dentro de certos limites; ou seja, para umidades abaixo de certo grau. Pois acima de um determinado grau, a umidade provoca o saturamento do corpo higrocópico, não obedecendo à lei estabelecida nesta obra. Assim, na prática, a característica de um corpo higroscópico deve-se estender apenas dentro dos limites de utilização prática.

Para bipolos higroscópicos que não obedecem às leis de higrocidade ideal, como por exemplo, o caso dos corpos higroscópicos fora dos limites da higrocidade; ou melhor, fora do regime de alongamento. A característica passa pela origem, porém não corresponde a uma reta. Estes corpos higroscópicos podem ser denominados por *elementos higroscópicos alineares* sendo que, para eles, deve-se definir um índice de higrocidade aparente.

Dessa maneira, estou simplesmente afirmando, que se define não um índice de higrocidade, como ocorre com os corpos higroscópicos dentro dos limites dos alongamentos ideais; mas sim um índice de higrocidade aparente em cada ponto da curva, ao quociente de tal forma que:

$$\psi_{ap} = \frac{\Delta l}{\Delta h};$$

$$\psi'_{ap} = \frac{\Delta l'}{\Delta h'}$$

Considere o elemento higroscópico alinear no seguinte gráfico:

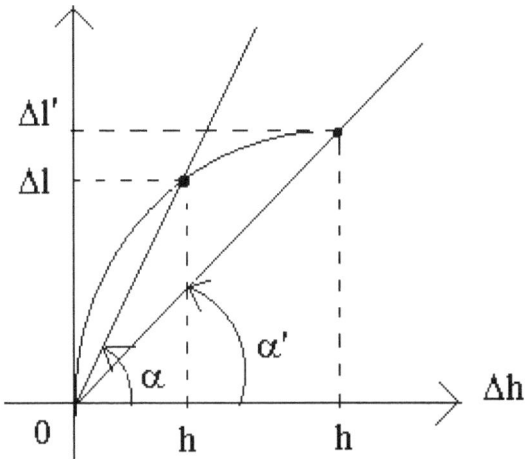

Naturalmente, nesse caso em especial, a dependência da variação do alongamento em função da variação da umidade não é linear, o que faz com que em determinada parte do gráfico, cuja variação do alongamento pela variação do grau de umidade tem o aspecto de uma curva qualquer; evidentemente, dependendo das condições encontradas em cada situação. Essa curva qualquer se estende no intervalo compreendido entre o limite de higrocidade ao ponto de ruptura do corpo higroscópico.

Nos corpos higroscópicos de elemento elástico alinear, a característica é sempre determinada experimentalmente. E o índice de higrocidade em cada ponto será numericamente igual ao coeficiente angular da reta secante que passa pela origem e pelo ponto considerado.

Dessa forma, posso escrever matematicamente que:

$$\psi_{ap} = \text{tg}\alpha \, ;$$

$$\psi'_{ap} = \text{tg}\alpha$$

Do que foi afirmado, conclui-se que a lei geral não se aplica a todas as substâncias higroscópicas. Isso porque existem alguns materiais em certo limite no qual o índice de higrocidade não se mantém constante com a variação da umidade e do alongamento.

Apresentarei abaixo três gráficos (Δl x Δh), relativos a três substâncias higroscópicas distintas (A, B e C) em três limites higroscópicos distintos. Analisando-os, pode-se saber se eles se referem aos corpos lineares ou alineares.

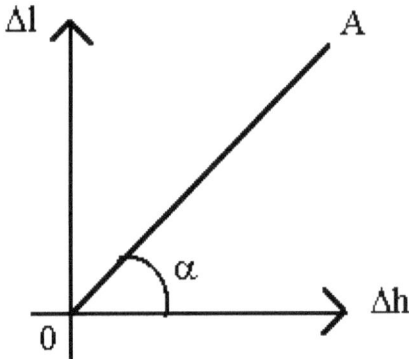

O limite higroscópico da substância A é linear, pois seu gráfico é uma reta que passa pela origem dos eixos. Isso significa que seu índice de higrocidade é constante, independentemente do grau de umidade que o envolve.

Leandro Bertoldo
HIGROLOGIA

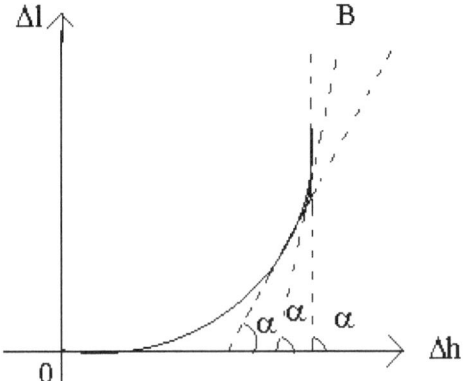

O limite higroscópico da substância (B) é alinear, pois seu índice de higrocidade vai aumentando de acordo com o aumento do alongamento resultante entre os terminais do corpo higroscópico. Isso é facilmente constatado pelo aumento da declividade da tangente traçada em cada ponto da curva.

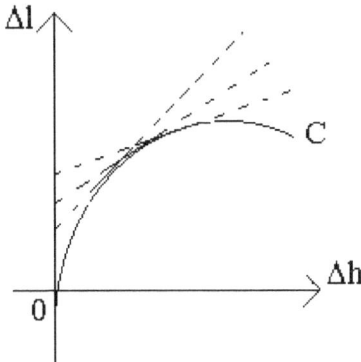

O limite higroscópico da substância (C) é alinear, pois seu índice de higrocidade vai diminuindo de acordo com o aumento do alongamento resultante entre os terminais do corpo higroscópico. Isso é verificado ao examinar a declividade da tangente dos vários pontos da curva.

Simplificadamente cada classe de corpos higroscópicos é caracterizada pela sua *curva característica*, que de nada mais é do que a descrição gráfica de seu comportamento higrológico.

Como afirmei várias vezes, para os corpos higroscópicos ideais, tal curva é uma reta que passa pela origem. A tangente do ângulo (α), que dá a conhecer a inclinação da reta em relação ao eixo das abscissas, fornece o índice de higrocidade do corpo considerado.

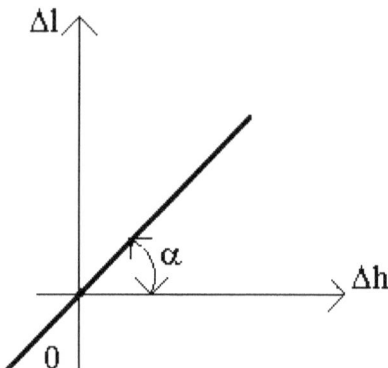

As grandezas que intervém no comportamento de um corpo higroscópico são: o alongamento resultante entre os terminais e o grau de umidade que envolve o referido corpo. Esse comportamento pode ser perfeitamente registrado em um diagrama de alongamento por umidade; a curva que resulta desse diagrama recebe a denominação de *curva característica do corpo higroscópico*. Ela pode ser empregada como um cartão de identificação do corpo higroscópico, tal assume sua importância técnica.

Leandro Bertoldo
HIGROLOGIA

Leandro Bertoldo
HIGROLOGIA

A grande maioria dos dados de que um projetista poderia lançar mão, para empregar um corpo higroscópico em um sistema qualquer pode ser extraída de uma curva característica.

11. Constante de Higroscópica

Como já mostrei, a constante higroscópica é definida como sendo o inverso do índice de higrocidade. Assim, se representar por (Ψ) o índice de higrocidade e por (α) a constante higroscópica de um corpo é imerso numa região de umidade (Δh) que provoca o aparecimento de uma variação de alongamento (Δl), então, obtém-se que:

$$\alpha = \frac{1}{\psi} = \frac{\Delta h}{\Delta l}$$

12. Unidade da Constante Higrocópica

A unidade da constante higroscópica de um corpo higroscópico no "Sistema Internacional" é o Grau Higro por metro; Grau Higro por centímetro e relações dessas unidades:

$$\frac{^0L}{m} ; \frac{^0L}{cm}$$

Deve-se observar que se o índice de higrocidade indica a maior ou menor facilidade com que o corpo higroscópico se alonga, a constante higroscópica dá uma indicação da oposição oferecida pelo corpo higroscópico ao alongamento resultante.

184

Leandro Bertoldo
HIGROLOGIA

Para finalizar o presente assunto, é oportuno fazer uma observação que permite estender as noções de índice de higrocidade e constante higroscópica nos corpos higroscópicos. De fato, as definições vistas podem ser aplicadas genericamente a todos os corpos higroscópicos, ideais, também, chamados, bipolos passivos.

13. Segunda Lei para o Índice de Higrocidade

As experiências tem mostrado que o índice de higrocidade de um corpo higroscópico depende de suas dimensões e da natureza do material do qual ele é constituído. Um fio higroscópico, por exemplo, pote ter menor índice de higrocidade do que outro de formato idêntico, porém constituído por uma substância diferente.

Seja então, considerado um corpo higroscópico de secção reta uniforme homogênea de comprimento inicial l_0.

Pela primeira lei, sabe-se que o índice de higrocidade é igual à variação de alongamento elevado ao quociente, inversa pela variação do grau de umidade que envolve o corpo higroscópico.

Simbolicamente, a referida lei é expressa pela seguinte relação:

$$\psi = \frac{\Delta l}{\Delta h}$$

Por outro lado, a lei do alongamento linear permite afirmar que: "a variação do alongamento de um corpo higroscópico é igual ao coeficiente de alongamento linear em produto com o comprimento inicial do corpo higroscópico pela variação do grau de umidade correspondente ao alongamento resultante".

A referida lei é expressa simbolicamente por:

$$\boxed{\Delta l = i.l_0.\Delta h}$$

Substituindo convenientemente as duas últimas expressões, obtém-se que:

$$\psi.\Delta h = i.l_0.\Delta h$$

Eliminando os termos em evidência, resulta que:

$$\boxed{\psi = i.l_0}$$

Dessa maneira, a segunda lei para o índice de higrocidade reza a seguinte oração:

"O índice de higrocidade (Ψ) de um corpo higroscópico é igual ao valor do coeficiente de alongamento linear (i) em produto com o comprimento inicial (l_0) do corpo higroscópico em debate".

Sejam dois fios higroscópicos constituídos pelo mesmo material higroscópico e da mesma espessura; isto é, com a mesma área da seção transversal, sendo que um apresenta o comprimento inicial (l_0) e outro apresenta o comprimento inicial ($2l_0$).

Quanto maior for o comprimento inicial do corpo higroscópico, maior será o índice de higrocidade que ele apresenta. Como o fio ($2l_0$) é duas vezes mais comprido do que o fio (l_0), a umidade que envolve tal corpo vai provocar o alongamento do corpo higroscópico, encontrando duas vezes menos dificuldade para que tal alongamento ocorra, ou seja, seu índice de higrocidade será duas vezes maior.

O coeficiente de alongamento linear além de depender do material que constituí o corpo higroscópico, depende também de alguns fatores de origem externas como, por exemplo, a temperatura. O coeficiente de alongamento linear de um corpo higroscópico é determinado apenas experimentalmente e como afirmei, depende da temperatura a que o referido corpo se encontra submetido. De forma genérica, os corpos higroscópicos aumentam de coeficiente de alongamento linear, quando se encontram submetidos à ação de uma variação de temperatura superior a anterior.

O coeficiente de alongamento linear revela com grandes resultados se o material higroscópico é um bom ou mau alongador. Por outro lado a constante higroscópica para um corpo higroscópico ideal permite escrever que:

$$\boxed{\alpha = \frac{\Delta h}{\Delta l}}$$

$$\boxed{\alpha = \frac{\Delta h}{i.l_0.\Delta h}}$$

Eliminando os termos em evidência, vem que:

$$\boxed{\alpha = \frac{1}{i.l_0}}$$

Uma aplicação prática da segunda lei é na construção dos extraordinários reostatos higroscópicos, que nada mais são do que corpos higroscópicos de índice de higrocidade variáveis.

14. Gráfico da Segunda Lei

A segunda lei estabelecida nesta obra é uma equação de um corpo higroscópico de índice de higrocidade (Ψ), caracterizado por (Ψ = i. l_0).

Logo, tenho a função linear entre o índice de higrocidade e o de comprimento inicial ($y = \Psi$, $x = l_0$ e $K = i$).

Na figura que se segue o gráfico de (Ψ) em função de (l_0), é uma reta que passa pela origem, constituindo, assim, a caraterística de um corpo higroscópico.

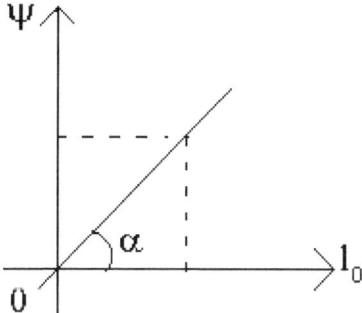

O coeficiente angular da reta é numericamente igual ao coeficiente de alongamento linear do corpo higroscópico.

O referido enunciado é expresso simbolicamente por:

$$\boxed{tg\alpha = i = \frac{\Psi}{l_0}}$$

15. Sinais do Índice de Higrocidade

Pela primeira lei o índice de higrocidade de um corpo higroscópico é igual ao quociente da variação do alongamento, inverso pela variação do grau de umidade.

por:
Simbolicamente, o referido enunciado é expresso

$$\psi = \frac{\Delta l}{\Delta h}$$

Deve-se observar que a definição de índice de higrocidade a (Δh) é sempre positiva, pois é a diferença entre o grau de umidade posterior h pelo grau de umidade anterior (h_0). Já que alguns corpos higroscópicos podem apresentar alongamentos resultantes ($\Delta l = l - l_0$) positivo quando ($l > l_0$); e outros negativos quando ($l_0 > l$) e, eventualmente nulo quando o corpo higroscópico encontra-se no estado absolutamente seco; onde teoricamente considero que ($l = l_0$).

Dessa maneira, o sinal de (Δl) determina o sinal do índice de higrocidade.

a) Um índice de higrocidade positivo indica que o corpo higroscópico apresenta um alongamento que cresce algebricamente com o aumento do grau de umidade.

b) Um índice de higrocidade negativo indica que o alongamento, de um corpo higroscópico, decresce algebricamente com o aumento do grau de umidade.

16. Tolerância Higroscópica

Muitas vezes na prática necessita-se de um corpo higroscópico com uma enorme faixa de valores que se estende menos de um grau até cem ou duzentos graus. Evidentemente, na prática não é possível fabricar um corpo higroscópico com um índice de higrocidade absolutamente mensurável. Com isto estou afirmando que, por melhor que seja a marca dos corpos higroscópicos adquiridos, jamais se poderá garantir que o índice de higrocidade de um corpo higroscópico de cem graus seja, na realidade, exatamente cem graus.

Por isso é necessário adquirir um corpo higroscópico e considerar certa margem de segurança; ou seja, das uma tolerância para os valores calculados em um projeto.

Essa margem de segurança pode ser fixada por uma porcentagem que indicará de "quantos por cento" pode variar o índice de higrocidade real de um corpo higroscópico, sem que isso signifique que o corpo higroscópico esteja com defeito. Logo, a melhor definição de tolerância de um corpo higroscópico é a diferença em porcentagem entre o valor marcado e o seu valor real, expressa em porcentagem.

Nas indústrias e no comércio é bem mais prático que as porcentagens dadas para a tolerância sejam padronizadas nos seguintes valores:

1%; 3%; 7%; 10%; 15%; 25% e 30%

Essa tolerância permitirá que o corpo higroscópio com valores entre dois extremos possam ser considerados "bons", mesmo que não apresentem exatamente o índice de higrocidade desejado.

Desse modo, os corpos higroscópicos de 100°L/m na realidade não precisam apresentar exatamente 100°L/m de índice de higrocidade, mas tão somente cobrir uma faixa de valores em torno de 100°L/m.

De certa quantidade de corpos higroscópicos verificar-se-a que as quantidades deles que se aproxima mais do valor marcado é maior do que a quantidade mais afastada o que resulta numa distribuição conforme indicado no esquema da seguinte figura de um corpo higroscópico cuja tolerância é igual a dez por cento.

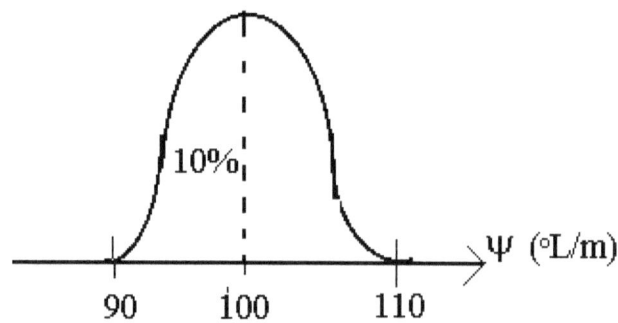

Então, torna-se claro que não é necessário preocupar-se com corpos higroscópicos de 90 e 100°L/m e de todos os valores intermediários de mesma tolerância.

É evidente que, se a tolerância for menor, a faixa de valores possíveis será ainda mais estreita.

Desse modo, devem-se fabricar corpos higroscópicos de tal forma que possam cobrir todos os valores possíveis que sejam necessários sem realmente terem indicados todos os valores possíveis.

As séries de menor tolerância têm mais valores padronizados que as séries de maior tolerância.

Em suma, as séries de valores padronizados para corpo higroscópico são estabelecidas de tal maneira que, considerando a tolerância, o maior valor que um corpo higroscópico pode ter, dentro da tolerância permitida seja igual ou maior que o menor valor que o corpo higroscópico de marcação subseqüente da série pode ter considerado sua tolerância.

A seguinte distribuição mostra os valores máximos e mínimos do índice de higrocidade tolerado.

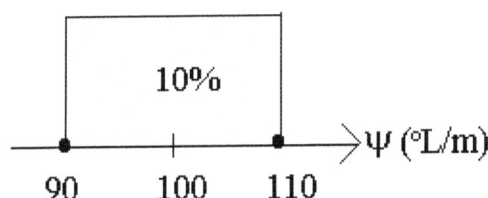

Pode-se verificar que a tolerância é de 10%; o valor máximo do índice de higrocidade tolerado é de 110°L/m enquanto que o valor mínimo do índice de higrocidade é de 90°L/m. Logo o valor do índice de higrocidade indicado comercialmente no corpo higroscópico é o valor médio dos valores de extremos.

Dessa forma, o índice de higrocidade médio (Ψ_M) de tolerância é igual à soma entre os índices de higrocidades máximo (Ψ_{Mx}) e mínimo (Ψ_{Mn}) de tolerância, dividido por dois.

O referido enunciado é expresso simbolicamente por:

$$\Psi_M = \frac{\Psi_{Mx} + \Psi_{Mn}}{2}$$

17. Terceira Lei para o Índice de Higrocidade

O coeficiente de alongamento linear de um material higroscópico é determinado experimentalmente e depende da temperatura que esse corpo apresenta. De forma generalizada, os corpos higroscópicos ideais aumentam de coeficiente de alongamento linear, quando se encontram aquecidos.

É possível verificar experimentalmente que se mantendo a variação de alongamento constante entre os terminais A e B de um corpo higroscópico, conforme o esquema indicado na seguinte figura:

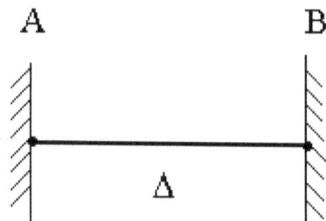

Nessas condições ocorre uma diminuição da umidade absorvida, porque o aumento de temperatura é acompanhado de um aumento do coeficiente de alongamento linear do corpo higroscópico e, portanto, um aumento em seu índice de higrocidade.

Logo, o coeficiente de alongamento linear é diretamente influenciado pela temperatura e, com isso; influencia o índice de higrocidade do corpo higroscópico. Em outros termos, eu diria que o coeficiente de alongamento linear não depende apenas do material higroscópico, mas também depende da temperatura à qual esse material encontra-se submetido. Esse fenômeno é a causa principal em que o índice de higrocidade de um corpo higroscópico ideal apresenta em função da temperatura.

Numa série de estudos que pude realizar sobre o coeficiente de alongamento linear dos corpos higroscópicos com características ideais, em função da temperatura, mostram que para certas variações de temperatura, a variação do coeficiente de alongamento linear é diretamente proporcional à variação de temperatura. Denominarei por (ΔT) a variação de temperatura e (Δi), a correspondente variação do coeficiente de alongamento linear de um material de higrocidade ideal. Então, posso escrever:

$$\boxed{\Delta i = K.\Delta T}$$

Onde (k) é uma constante de proporcionalidade que somente depende da natureza do material que constitui o corpo higroscópico.

Considere um corpo higroscópico que, quando a temperatura atinja o zero absoluto $0°K$, tenha um coeficiente de alongamento linear inicial i_0. Se aumentar a variação da temperatura ($\Delta T \neq 0$), o coeficiente de alongamento linear passará a ser (i).

Evidentemente, estou supondo que no intervalo de temperatura (ΔT) não ocorra qualquer mudança de estado físico do corpo higroscópico.

Sejam (T_0) e (T), as temperaturas extremas do intervalo de temperatura que chamei por (ΔT). Então, tem-se que: ($\Delta T = T - T_0$). Sendo (i_0) o coeficiente de alongamento linear à temperatura (T_0), pode-se escrever ($\Delta i = i - i_0$). Logo, a equação anterior toma a seguinte forma:

$$i - i_0 = k . (T - T_0); \text{ então,}$$
$$i = i_0 + k . (T - T_0); \text{ portanto,}$$
$$i = i_0 . [1 + (k/i_0) . (T - T_0)]$$

Agora, se fizer $\alpha = \dfrac{K}{i_0}$, a expressão anterior toma a seguinte forma:

$$i = i_0 \cdot [1 + \alpha \cdot (T - T_0)]$$

Fixada a temperatura (T_0), a constante de proporcionalidade (α) depende exclusivamente da natureza do material higroscópico considerado e chama-se coeficiente de temperatura desse material.

Pela segunda Lei para o índice de higrocidade, posso afirmar que o índice de higrocidade é igual ao coeficiente de alongamento linear em produto com o comprimento inicial do corpo higroscópico.

Simbolicamente, o referido enunciado é expresso por:

$$\boxed{\psi = i.l_0}$$

Substituindo convenientemente as duas últimas expressões, resulta que:

$$\boxed{\psi = i_0 \cdot [1 + \alpha.\Delta T].l_0}$$

Tudo o que foi afirmado com relação à variação do coeficiente de alongamento linear de um corpo higroscópico em função da temperatura é perfeitamente válido para o caso da variação do índice de higrocidade de um corpo higroscópico com a temperatura.

Posso escrever que:

a) $\psi = i.l_0$

b) $\psi_0 = i_0 . l_0$

Entretanto, não se deve deixar de considerar que a variação do comprimento linear que um corpo higroscópico apresenta em função da temperatura. Porém, tem uma participação bem menor.

Então dividindo a expressão (b) pela expressão (a), tem-se que:

$$\boxed{\dfrac{\psi}{\psi_0} = \dfrac{i}{i_0}}$$

Porém, demonstrei que:

$$i = i_0 . (1 + \alpha . \Delta T) \text{ ou,}$$

$$i/i_0 = (1 + \alpha . \Delta T)$$

Logo, conclui-se que:

$$\Psi/\Psi_0 = i/i_0 = (1 + \alpha . \Delta T); \text{ isto implica que:}$$

$$\Psi = \Psi_0 . (1 + \alpha . \Delta T)$$

Onde:

c) Ψ corresponde ao índice de higrocidade à temperatura **T**.

d) Ψ_0 corresponde ao índice de higrocidade à temperatura absoluta T_0.

e) α corresponde ao coeficiente de temperatura.

Verifiquei experimentalmente que o coeficiente de temperatura (α) depende do material que constitui o corpo higroscópico e da temperatura. Entretanto, a variação de (α) com a temperatura é em algumas situações tão pequena, que é bem mais prático considerá-la constante para um dado material higroscópico dentro de pequenos intervalos de temperatura. Os valores do coeficiente de temperatura são tabelados e verificados pela experiência e pode ser:

f) O índice de higrocidade ou o coeficiente de alongamento linear, de um material higroscópico geralmente cresce com o aumento da temperatura. Isso ocorre para valores em que ($\alpha >$ 0), caso dos corpos higroscópicos que tenho chamado por ideais.

g) Em alguns casos em especial, pude notar que em alguns corpos higroscópicos, a constante (α) é aproximadamente igual a zero ($\alpha \cong 0$), o que praticamente não provoca uma variação sensível no coeficiente (i), fazendo com que a considere dentro de certos limites como independente da temperatura. Evidentemente nestes casos o índice de higrocidade não varia com a temperatura.

h) Existem ainda os casos dos corpos higroscópicos, cujo índice de higrocidade diminue consideravelmente com o aumento da temperatura; portanto apresentam o coeficiente de temperatura muito menor que zero ($\alpha < 0$), o que provoca então, um decréscimo de i para um acréscimo de temperatura.

i) Para grandes intervalos de temperatura, a variação do índice de higrocidade deixa de ser proporcional à variação de temperatura. Nesse caso é absolutamente necessário recorrer a gráficos ou a fórmulas mais precisas e de certa forma mais complexas do que aquelas estabelecidas no presente tratado.

18. Corpos Higroscópicos Dependentes de um Parâmetro

Os corpos higroscópicos dependentes de um parâmetro são aqueles cujo índice de higrocidade é função de uma determinada variável. Essa variável, que é denominada por parâmetro, pode ser, por exemplo, a temperatura, a pressão, a umidade, etc...

Os corpos higroscópicos dependentes de um parâmetro são constituídos por semialongadores que podem ser especialmente desenvolvidos para essa finalidade. Dentre os corpos higroscópicos desse tipo o mais importante é o que passo a indicar.

Umiscópicos, ou corpos higroscópicos não lineares UDH. O parâmetro, neste caso, é a umidade absorvida; isto é, o grau de umidade que provoca o aparecimento do alongamento (a sigla UDH significa *Umidade dependente do corpo higroscópico*). Apresentam, evidentemente, característica não linear do tipo indicado no seguinte gráfico.

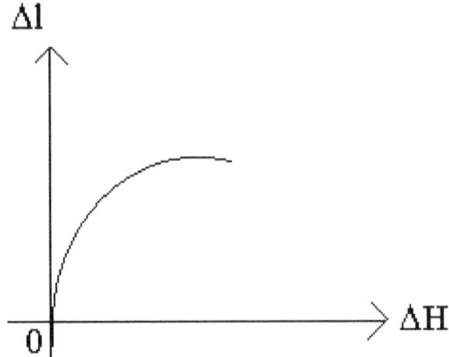

Pode-se observar pelo gráfico que à medida que o alongamento resultante aumente, o índice de higrocidade diminui. A equação que exprime a caracterísitica de um corpo higroscópico UDH é genricamente representada por:

$$l = a.H^b$$

Sendo que a letra "l" representa o alongamento resultante; a letra "H" representa o grau de umidade; as letras a e b são constantes, distintas para cada tipo de UDH. Devem-se levar em consideração que os UDH são elementos higroscópicos passivos, pois para (l = 0), tem-se (H = 0).

Esses corpos higroscópicos apresentam grande aplicação como elementos de estabilização de alongamentos.

Já os corpos higroscópicos sensíveis à temperatura são denominados por *termoscópicos*. Existem dois modelos de termoscópicos:

a) CTN;

b) CTP.

Os CTN, são raros, têm coeficiente de temperatura negativo; isto é, o índice de higrocidade diminui à medida que a temperatura aumente (CTN - corresponde à sigla de *coeficiente de temperatura negativo*). Os termoscópicos apresentam coeficiente de temperatura positivo (a sigla CTP significa *coeficiente de temperatura positivo*). Esses são comumente encontrados com certa facilidade. Esses elementos encontram inúmeras aplicações; por exemplo, na construção de higrômetros, alarmes e muitos instrumentos meteorológicos, etc...

Nas figuras que se seguem procuro mostrar respectivamente a caracterísitica típica de um termoscópico CTN e no gráfico posterior a possível variação do índice de higrocidade com a temperatura.

a)

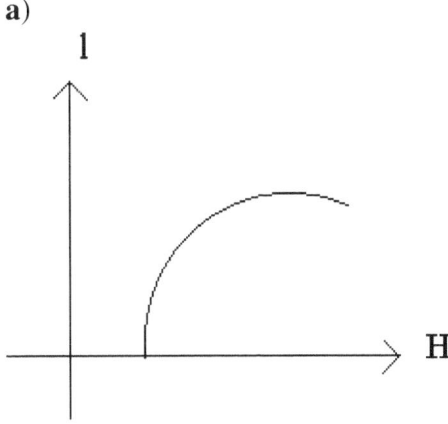

b)

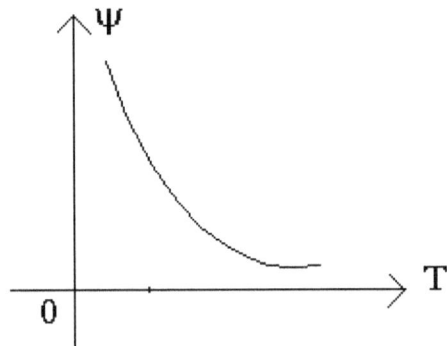

19. Instrumentos de Medidas

Para medir o grau de umidade de uma região, costumo empregar um dispositivo denominado por *higrômetro.* Todo higrômetro ao ser imerso numa região úmida, entra, imediatamente em equilíbrio higroscópico e deve obrigatoriamente apresentar duas características principais:

a) O seu índice de higrocidade deve ser infinitamente pequeno, para que a umidade possa influencia-lo sem alterar as características do sistema higroscópico em equilíbrio;

b) Deve ser exposto diretamente com a região úmida, pois a umidade que caracteriza a região tem que envolver integralmente o higrômetro.

O grau de umidade, dependendo da delicadeza do sistema higroscópico considerado pode ser medida através de instrumentos que denominei por *mili-higrômetro* e por *micro-higrômetro*, que são aparelhos mais sensíveis que o higrômetro.

20. Simbolos Higroscópicos Elementares

Para caracterizar esquematicamente um sistema higroscópico, não é necessário desenhar todos os elementos que o compõem. Basta substituí-los pelos símbolos gráficos que representarão os vários elementos do sistema higroscópico considerado. Esses símbolos são os que se seguem:

a)

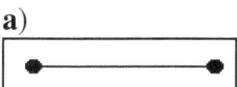

O referido símbolo representa um fio de índice de higrocidade nulo ou desprezível. Nesse corpo não ocorre nenhuma influência de alongamentos provocados pela ação da umidade.

b)

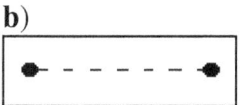

Esse símbolo representa um corpo higroscópico, com índice de higrocidade muito maior do que zero ($\Psi \gg 0$)

c)

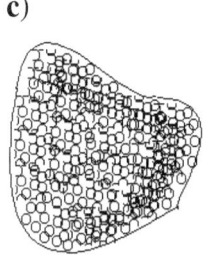

A referida figura representa uma região úmida.

d)

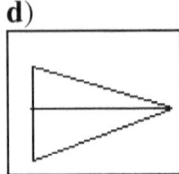

O presente símbolo caracteriza um higrômetro.

e)

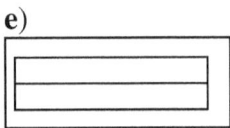

Esse outro símbolo vem a mostrar a trena higroscópica, destinada a medir os alongamentos em geral.

Com o desenvolvimento do presente tratado, os sistemas higroscópicos envolvidos serão comumente mais complexos. Além de um grande número de dispositivos e componentes auxiliares eles podem contar mais de um corpo higroscópico, bem como um grande número de absorvedores de umidade.

21. Corpos Higroscópicos Usuais

Nos sistemas higroscópicos, empregam-se com grande freqüência, fios de cabelo enrolado em espiral longitudinal em um eixo, fios de catgut e muitos outros exemplos. Para concluir uma boa medida de umidade é necessário obter valores razoáveis de índice de higrocidade, como no fio de cabelo, é necessário um comprimento muito grande, então é costume enrolar o referido fio em forma de uma espiral longitudinal.

Assim, o corpo higroscópico helicoidal consta de um enrolamento primário, com as esperas encostadas uma ao lado da outra, e nas extremidades se estende dois terminais. Tem um grande emprego nos laboratórios científicos.

Dependendo da finalidade, como elementos de ligação nos sistemas higroscópicos, os corpos higroscópicos devem apresentar índice de higrocidade convenientemente baixa ou alta, tanto quanto economicamente possível.

Agora, vou procurar apresentar os principais tipos de corpos higroscópicos que habitualmente deverão ser encontrados na prática e padronizados de acordo com normas técnicas internacionais.

Como eu afirmei anteriormente, em sua maioria os corpos higroscópicos devem ser constituídos opor um enrolamento em espiral longitudinal - que considero como comercial - mas deve ser encontrado no comércio, corpos higroscópicos constituídos por fio de catgut. Existem muitos outros corpos higroscópicos que podem ser empregados na higrologia.

Quanto à forma, e formação dos corpos higroscópicos helicoidais c os fios podem ser classificados por corpos higroscópicos ralos e cabos. O último é constituído por peças inteiriças de material alongável sob a ação de umidade: são os fios e as barras higroscópicas em geral. Os fios têm em geral, secção circular e as barras têm secção retangular ou quadrado. Evidentemente podem existir corpos higroscópicos de formato especial dependendo da finalidade a que se destina.

Quanto aos cabos higroscópicos, eles são constituídos por certa quantidade de fios entrelaçados e retorcidos de maneira conveniente, A principal aplicação dos cabos higroscópicos é destinada ao controle do índice de higrocidade do corpo higroscópico.

As formações mais simples desses cabos podem ser de 2, 3, 6, 9, 13 e 16 fios por cabo. É possível, além disso, idealizar formações especiais, como o modelo cordoalha e outros.

Uma das características mais importantes dos corpos higroscópicos é o seu comprimento inicial, pois desta depende essencialmente o índice de higrocidade do mesmo. A fabricação de cabos e fios higroscópicos empregados na engenharia deverá obedecer a uma escala especial; chamada por escala NTB (Normas Técnicas Brasileiras) que são convenientemente racionalizadas no sistema métrico. Nesta escala, os corpos higroscópicos deverão ser designados por números inteiros simples, os quais devem corresponder aproximadamente ao número de etapas necessárias para a obtenção de um comprimento almejado. Daí se a escala NTB, progressiva; isto é, quanto maior for o número escalar, maior será o comprimento do corpo dinamoscópico. Desse modo deve-se observar numa tabela de tal natureza que de cinco em cinco números o comprimento inicial dobra.

Para reconhecer o índice escalar de um fio higroscópico basta simplesmente medir diretamente o comprimento inicial de tal fio.

Os corpos higroscópicos serão muito empregados numa Engenharia higrólica, e afirmo que a Engenharia higrólica jamais existirá sem os corpos higroscópicos.

Os exemplos de utilização dos corpos higroscópicos resumidos no presente item, apenas refletem algumas aplicações típicas. Está longe, porém, de ser uma relação, sequer, das principais aplicações dos corpos higroscópicos.

A engenharia higrólica necessita urgentemente de descobrir e fabricar novos materiais higroscópicos de grande índice de higrocidade e pequena intensidade elástica. Isto representa um assunto de muito interesse, que está relacionado à aplicação mais econômica dos corpos e com a diminuição do peso e tamanho dos equipamentos higroscópicos.

Leandro Bertoldo
HIGROLOGIA

22. Corpos Higroscópicos em Geral

Com o desenvolvimento desta obra, posso apresentar uma enorme variedade de corpos higroscópicos; porém, para sistematizar seu estudo tentarei classifica-lo em três categorias, a saber:

a) corpos de precisão;
b) corpos comerciais;
c) corpos dependentes de um parâmetro.

A seguir apresentarei cada uma dessas categorias:

A) *Corpos higroscópicos de precisão*
Considerarei como tais os corpos dinamoscópicos cuja precisão é da ordem de 0,1% ou 0,01% até mesmo melhor. São os corpos higroscópicos sintéticos ou naturais, todos lineares ou espiralados ligados em cristais piezoelétricos (Quartzo, Sal de Rochele).

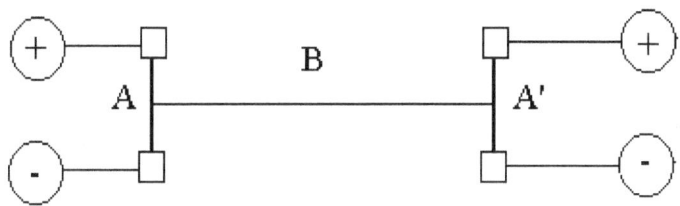

Elementos:
As letras A e A' representam o cristal piezoelétrico
A letra B representa o fio higroscópico

Leandro Bertoldo
HIGROLOGIA

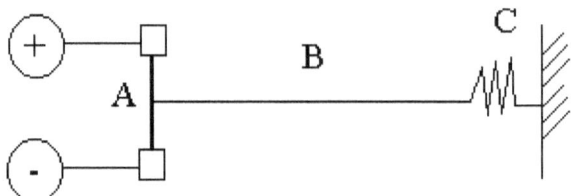

A letra A representa a lâmina de cristal piezoelétrico
A letra B representa o fio higroscópico
A letra C representa o corpo dinamoscópico
Os corpos de precisão, convencional e
semiconvencional, podem ser empregados nos laboratórios de
medidas; são corpos usados em instrumentos de medida. É
possível produzir corpos higroscópicos de precisão numa gama
de valores de 10^{-4} a 10^{-8} Galileus.

B) *Corpos higroscópicos comerciais*
São corpos higroscópicos empregados para fixar as
condições convenientes de funcionamento de um sistema
higroscópico. Servem, por exemplo, para limitar o valor da
umidade em um ramo do sistema. Sua precisão e estabilidade
dependem do tipo do sistema, podendo variar de 0,1% a 10%
ou mesmo 20%.

7. Associação de Corpos

1. Introdução

Continuando, no presente capítulo, a análise dos corpos higroscópicos, procuro estudar as leis resultantes de uma associação em série.

A associação em série de corpos higroscópicos é a única maneira de associa-los racionalmente. E suas características serão examinadas a seguir.

2. Corpo Higroscópico Equivalente

A associação em série de corpos higroscópicos denomina por corpo higroscópico resultante, o corpo higroscópico que, poderia realizar individualmente, o mesmo quc realiza a referida associação. Enteando por índice de higrocidade equivalente da associação, o índice de higrocidade do corpo higroscópico equivalente. Dessa maneira, o corpo higroscópico equivalente à associação é aquele que, sob a ação da umidade, mantém entre os seus terminais um índice de higrocidade constante igual àquele mantido pela associação.

Logo, dois corpos higroscópicos são equivalentes quando apresentarem a mesma curva característica. Com isto, estou afirmando que dada uma associação em série de corpos higroscópicos, denomino por corpo higroscópico equivalente dessa associação o corpo higroscópico único, cuja curva característica é igual à da associação.

No caso de uma associação de corpos higroscópicos lineares, o corpo higroscópico resultante é também um corpo linear e seu índice de higrocidade pode ser facilmente determinado em função dos índices de higrocidades dos corpos higroscópicos que compõem a associação.

3. Característica da Associação em Série

Quando a umidade atua em uma associação em série de corpos higroscópicos, ela é a mesma em cada um dos corpos associados; então, pode-se dizer que se trata de uma associação em série.

4. Associação em Série

Vários corpos higroscópicos estão associados em série, quando são ligados seguidamente um do outro, de modo a serem submetidos à ação de mesmo grau de umidade.

Considere três corpos higroscópicos, de índice de higrocidade caracterizado por (Ψ_1, Ψ_2 e Ψ_3), ligados conforme o esquema focalizado na seguinte figura:

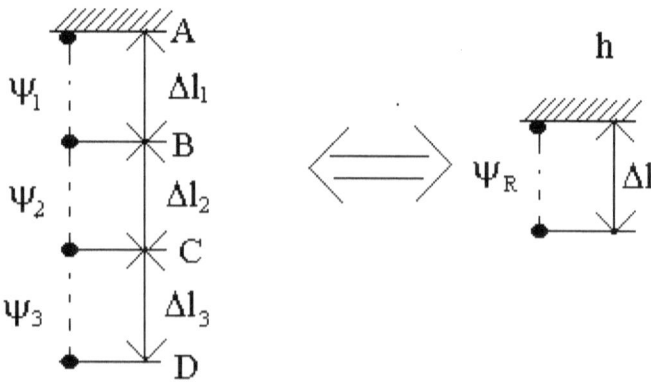

Portanto em uma associação em série, os corpos higroscópicos são ligados seguidamente, como o esquema indicado na última figura, de tal forma que a umidade que envolve um dos corpos higroscópicos deverá necessariamente envolver os demais componentes da associação. Isto quer dizer que o grau de umidade que envolve cada um dos corpos higroscópicos de uma associação em série é a mesma.

Pode-se verificar experimentalmente que existe uma relação de proporção direta entre a variação do alongamento sofrido pelo corpo higroscópico e o grau de umidade que envolve a região.

A referida associação apresenta as seguintes características:

A) *Grau de umidade*

Supondo-se inicialmente que os pontos (A) e (D), seja submetido um grau de umidade, ocasionando com que todos os corpos higroscópicos da associação sofram a mesma ação da umidade. Então, o grau de umidade envolve todos os elementos do ponto (A) ao (D), não permitindo que a mesma sofra qualquer divisão. Ou seja, todos os corpos higroscópicos sofrem a ação do mesmo grau de umidade. Logicamente suponha-se que, pelo fato dos corpos higroscópicos serem considerados como bipolos, não ocorra neles qualquer perda da ação da umidade quanto esta lhe envolve.

Nesse caso cada um dos corpos higroscópicos associados indica um mesmo grau de umidade. Logo, posso expressar matematicamente que:

$$\Delta h = \Delta h_1 = \Delta h_2 = \Delta h_3$$

Generalizando a referida lei, obtém-se que:

$$\Delta h = \Delta h_1 = \Delta h_2 = \Delta h_3 = ... = \Delta h_{n-1} = \Delta h_n$$

Pela primeira lei, sabe-se que a variação de umidade que envolve um corpo higroscópico é igual ao quociente da variação do alongamento, inverso pelo índice de higrocidade. Simbolicamente o referido enunciado é expresso pela seguinte relação:

$$\Delta h = \frac{\Delta l}{\psi}$$

Portanto substituindo convenientemente as duas últimas expressões, vem que:

$$\Delta h = \frac{\Delta h_1}{\psi_1} = \frac{\Delta h_2}{\psi_2} = \frac{\Delta h_3}{\psi_3} = ... = \frac{\Delta h_{n-1}}{\psi_{n-1}} = \frac{\Delta h_n}{\psi_n}$$

Demonstrei no presente tratado que a variação da umidade é igual ao quociente da variação do alongamento, inverso pelo produto existente entre o coeficiente de alongamento linear pelo comprimento inicial do corpo higroscópico.

Simbolicamente, o referido enunciado é expresso por:

$$\Delta h = \frac{\Delta l}{i.l_0}$$

Então, substituindo convenientemente a referida expressão na seguinte:

$$\Delta h = \Delta h_1 = \Delta h_2 = \Delta h_3 = ... = \Delta h_{n-1} = \Delta h_n$$

Vem que:

$$\Delta h = \frac{\Delta l_1}{i_1.l_0} = \frac{\Delta l_2}{i_2.l_0} = \frac{\Delta l_3}{i_3.l_0} = ... = \frac{\Delta l_{n-1}}{i_{n-1}.l_{0_{n-1}}} = \frac{\Delta l_n}{i_n.l_{0_n}}$$

B) *Variação do alongamento*

Para uma associação em série de corpos higroscópicos, pode-se escrever que a variação do alongamento entre os terminais da associação resultante, (A) e (D), pode ser tomada como a soma das variações dos alongamentos parciais entre os terminais de cada um dos corpos higroscópicos, ou seja:

$$\Delta l_{AD} = \Delta l_{AB} + \Delta l_{BC} + \Delta l_{CD}$$

$$\Delta l_{DA} - l_D - l_A = (l_B - l_A) + (l_C - l_B) + (l_D - l_C)$$

Aplicando-se a primeira lei a cada um dos corpos higroscópicos individualmente, tem-se que:

$$\Delta l = \psi.\Delta h$$

a) $l_B - l_A = \psi_1.\Delta h$
b) $l_C - l_B = \psi_2.\Delta h$
c) $l_D - l_C = \psi_3.\Delta h$

"As variações do alongamento em cada corpo higroscópico de uma associação em série são diretamente proporcionais aos respectivos índices de higrocidades".

Substituindo convenientemente, obtém-se a seguinte expressão:

$$l_D - l_A = \psi_1.\Delta h + \psi_2.\Delta h + \psi_3.\Delta h$$

Então, posso escrever que:

$$\Delta l_{DA} = l_D - l_A = (\Psi_1 + \Psi_2 + \Psi_3).\Delta h$$

Como no corpo higroscópico resultante, a variação do alongamento é expressa por:

$$\boxed{\Delta l_R = \psi_R.\Delta h}$$

Então, posso escrever que:

$$\boxed{\Delta l_R = \Delta l_1 + \Delta l_2 + \Delta l_3 + \Delta l_4 + ... + \Delta l_n}$$

Portanto, conclui-se que a variação de alongamento entre os terminais de uma associação em série é igual à soma das variações de alongamento de cada um dos corpos higroscópicos associados.

Simbolicamente, posso escrever que:

$$\boxed{\Delta l_R = \sum \Delta l_n}$$

Demonstrei em capítulos anteriores que:

$$\boxed{\Delta l = i.l_0.\Delta h}$$

No caso de um corpo higroscópico resultante, posso escrever que:

$$\Delta l_R = i_R . l_{0_R} . \Delta h$$

No qual (Δl_R) é a variação do alongamento resultante do sistema. E (i_R) é igual a ($i_1 + i_2 + ... + i_n$). E (l_{0_R}) é o comprimento inicial do sistema de corpos higroscópicos.

Considerando os três corpos higroscópicos que constituem o sistema, posso escrever que:

d) $\Delta l_1 = i_1 . l_{0_1} . \Delta h$

e) $\Delta l_2 = i_2 . l_{0_2} . \Delta h$

f) $\Delta l_3 = i_3 . l_{0_3} . \Delta h$

Como a unidade é a mesma para todos os corpos que constituem o sistema higroscópico, posso escrever que:

$$\Delta l_R = [(i_1 . l_{01}) + (i_2 . l_{02}) + (i_3 . l_{03})] . \Delta h$$

Generalizando a referida expressão, posso escrever que:

$$\Delta l_R = (i_1 . l_{01} + i_2 . l_{02} + ... i_n . l_{0n}) . \Delta h$$

C) *Índice de higrocidade resultante*

Uma associação de corpos higroscópicos pode ser substituída por apenas um índice de higrocidade, chamado *resultante*, desde que este substitua a associação sem alterar as demais características. Como se trata de uma associação em série, o corpo higroscópico resultante apresenta um índice de higrocidade resultante igual à soma dos índices de higrocidade dos corpos higroscópicos associados.

$$\psi_R = \psi_1 + \psi_2 + \psi_3 + \ldots + \psi_n$$

forma:
        Tal expressão pode ser enunciada da seguinte

"O índice de higrocidade resultante de uma associação em série, é igual à soma de seus índices de higrocidades parciais".

por:
        Analiticamente, o referido enunciado é expresso

$$\psi_R = \sum \psi_n$$

        Entendo por índice de higrocidade parcial de um sistema, o índice de higrocidade que o corpo higroscópico apresenta isoladamente nas mesmas condições em que se encontrava no sistema higroscópico.

        Pela primeira lei, posso escrever que:

$$\psi = \frac{\Delta l}{\Delta h}$$

        Considerando um sistema higroscópico caracterizado por uma associação em série, posso afirmar que:

$$\psi_R = \frac{\Delta l_1}{\Delta h} + \frac{\Delta l_2}{\Delta h} + \ldots + \frac{\Delta l_n}{\Delta h}$$

Como a unidade que envolve os corpos higroscópicos é a mesma, posso escrever que:

$$\Psi_R = \frac{\Delta l_1 + \Delta l_2 + \ldots + \Delta l_n}{\Delta h}$$

Pela segunda lei, posso afirmar que o índice de higrocidade (Ψ) é igual ao produto entre o coeficiente de alongamento linear (i) pelo comprimento inicial (l_0) do corpo higroscópico considerado.

Simbolicamente, o referido enunciado é expresso por:

$$\Psi = i.l_0$$

Desse modo posso escrever que:

$$\Psi_R = i_1.l_{0_1} + i_2.l_{0_2} + \ldots + i_n.l_{0_n}$$

D) *Coeficiente de Alongamento linear*
A demonstração que pretendo apresentar a seguir destina-se a provar que o coeficiente de alongamento linear é igual à soma entre os coeficientes de alongamento linear parcial.

Sabe-se que a variação do alongamento resultante entre os terminais de um corpo higroscópico resultante é igual ao coeficiente de alongamento linear multiplicado pelo comprimento inicial do corpo higroscópico resultante em produto com a variação de umidade.

Simbolicamente, o referido enunciado é expresso por:

$$\Delta l_R = i_R . l_{0_R} . \Delta h$$

Dessa forma, obtêm-se duas expressões para a variação do alongamento.

a) $\Delta l_R = (i_1 + i_2 + ... i_n) . l_{0R} . \Delta h$

b) $\Delta l_R = i_R . l_{0_R} . \Delta h$

que:

Igualando as referidas expressões, posso escrever

$$i_R . l_{0R} . \Delta h = (i_1 + i_2 + ... i_n) . l_{0R} . \Delta h$$

Eliminando os termos em evidência, resulta que:

$$i_R = (i_1 + i_2 + ... i_n)$$

Assim, conclui-se que o coeficiente de alongamento linear resultante é igual à soma entre os coeficientes de alongamento linear dos corpos higroscópicos que compõem a associação em série.

Portanto, posso escrever que:

$$i_R = \sum i_n$$

Se, de outra forma, numa associação em série de (n) corpos higroscópicos iguais, de coeficiente de alongamento linear (i) cada um, têm-se que:

Leandro Bertoldo
HIGROLOGIA

$$i_1 = i_2 = i_3 = ... = i_n$$

Então posso concluir que:

$$i_R = n.i$$

Leandro Bertoldo
HIGROLOGIA

8. Higrodinâmica

1. Introdução

A Higrodinâmica estuda as relações entre as quantidades de umidade trocadas (processo de umedecer e secar) e os trabalhos realizados em um processo físico, envolvendo "um corpo" ou "sistema de corpos" e o resto do ambiente, que denominei por "meio externo". Para efeito de exemplo, considere o seguinte esquema.

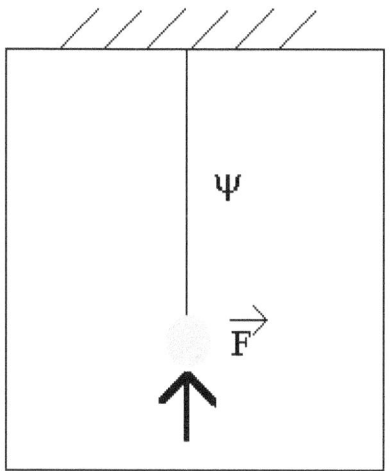

Um corpo higroscópico totalmente saturado ao começar secar age com uma força ($\vec{F}$) sobre o peso, provocando o fenômeno do deslocamento do corpo.

Naturalmente a tecnologia permite fabricar fios higroscópicos que diminuem de comprimento à medida que a umidade aumenta. Assim, à medida que a umidade aumente ele age com uma força ($\vec{F}$) sobre o peso, deslocando-o. Desse modo, o sistema (fio higroscópico) recebe umidade (h) do meio exterior e a força ($\vec{F}$) aplicada pelo sistema realiza um trabalho ($\Im$) sobre o meio exterior.

2. Trabalho

Considere um corpo higroscópico linear, preso por uma de suas extremidades a um referencial fixo e na outra extremidade, que pode se movimentar livremente, um peso de massa (m).

Sendo o corpo higroscópico um fio de cabelo; então, à medida que ele vai ficando seco, ou seja, menos úmido seu alongamento diminue, deslocando o peso a uma distância (d).

A definição de trabalho implica que o mesmo é igual ao produto da força pela distância que ela é deslocada.

Simbolicamente, o referido enunciado é expresso por:

$$\boxed{\Im = F.d}$$

A distância percorrida é expressa por:

$$\boxed{\Delta l = \psi.\Delta h}$$

Portanto, posso escrever que:

$$\boxed{\Im = F.\psi.\Delta h}$$

Então, o corpo higroscópico age com uma força ($\vec{F}$) sobre o peso, deslocando-o e realizando um trabalho ($\Im$). Sendo ($\Delta h = h_0 - h_1$), a variação de umidade ocorrida, o trabalho ($\Im$) realizado pelo corpo higroscópico é expresso por:

$$\Im = \Psi . F . (h_0 - h_1)$$

O trabalho é uma grandeza algébrica e assume no caso, o sinal da variação da umidade (Δh), uma vez que o peso e o índice de higrocidade são sempre positivos.

3. Máquinas Higrométricas

As máquinas higrométricas são aquelas que utilizam os princípios da higrologia para realizar trabalho.

Evidencia-se facilmente que a diferença de umidade é tão importante para uma máquina higrométrica quanto uma diferença de nível de água para uma máquina hidráulica. Então, estabelecerei que:

"Para que uma máquina higrométrica consiga converter higro-energia em trabalho, de modo contínuo, deve obrigatoriamente operar em ciclo entre duas fontes higrométricas uma seca e outra úmida".

4. Transformação Isodina

Transformação Isodina é aquela em que a força se mantém constante, embora a umidade e o alongamento variem.

5. Transformação Isométrica

Na transformação Isométrica procura-se manter o alongamento constante, embora se provoque a variação de umidade e de força.

6. Transformação Isoigro

Na transformação isoigro a umidade se mantém constante, embora a força e o alongamento variem.

7. Energia Potencial do Trabalho do Peso

A Mecânica Clássica define a energia potencial (E) numa posição, em relação a um nível de referência como sendo igual a trabalho que o peso vai realizar.

De acordo com a referida definição a energia potencial é expressa por: ($E = p . d$).

Como o deslocamento do peso (p) de um nível para outro caracteriza um ganho ou perda de energia potencial, posso concluir que:

$$\boxed{d = l}$$

$$\boxed{\Delta d = \Delta l}$$

Porém, demonstrei que:

a) $l = l_0 + \psi . h$

b) $l = l_0 . (1 + \Psi . \Delta h)$

c) $\Delta l = \psi \cdot \Delta h$

Substituindo convenientemente cada uma das expressões na equação da energia potencial de um peso, obtém-se que:

d) $E = p \cdot (l_0 + \Psi \cdot \Delta h)$

e) $E = p \cdot l_0 \cdot (1 + \Psi \cdot \Delta h)$

f) $\Delta E = p \cdot \Psi \cdot \Delta h$

Estas equações caracterizam o conceito de energia potencial do trabalho realizado por um peso preso na extremidade de um fio higroscópico.

8. Energia Potencial Elástica Higroscópica

Considere agora um corpo higroscópico com uma de suas extremidades presa num referencial inercial e a outra presa numa mola. Esta por sua vez presa num referencial inercial; conforme esquematizado na seguinte figura.

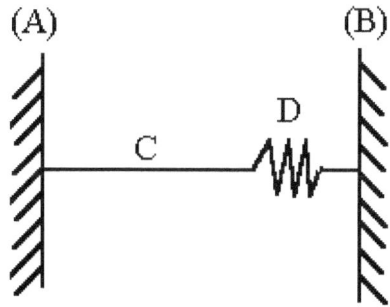

Onde as letras (A) e (B) representam os referenciais inerciais; a letra (C) representa o corpo higroscópico e a letra (D), representa uma mola perfeitamente elástica.

Em mecânica a energia potencial associada ao trabalho da força elástica, é chamada por *energia potencial elástica*. Ela é expressa pela seguinte equação:

$$E = \frac{K.x^2}{2}$$

Na referida equação a letra (k), representa a constante elástica da mola e a letra (x), representa a deformação entre dois pontos.

Evidentemente, se a mola estiver presa no fio higroscópico, ela sofrerá deformação igual ao alongamento que o fio higroscópico possa apresentar no processo higrológico. Portanto pode-se concluir que:

$$x = l \, , \, \Delta x = \Delta l$$

Porém demonstrei que:

$$l = l_0 + \psi.h$$

Logo, substituindo convenientemente as três últimas expressões, posso escrever que:

$$E = k \cdot (l + \Psi \cdot h)^2 / 2$$

Também demonstrei que:

$$l = l_0 \cdot (1 + \Psi \cdot \Delta h)$$

Assim, posso deduzir a seguinte expressão:

$$E = k \cdot [l_0 \cdot (1 + \Psi \cdot \Delta h)]^2/2$$

No presente tratado apresentei a seguinte equação:

$$\boxed{\Delta l = \psi \cdot \Delta h}$$

Que substituida convenientemente, resulta na seguinte fórmula:

$$\boxed{\Delta E = \frac{K \cdot \psi^2 \cdot \Delta h^2}{2}}$$

www.ingramcontent.com/pod-product-compliance
Lightning Source LLC
Chambersburg PA
CBHW072134170526
45158CB00004BA/1366